SCHRIFTEN AUS DEM GESAMTGEBIET DER GEWERBEHYGIENE
HERAUSGEGEBEN VON DER DEUTSCHEN GESELLSCHAFT FÜR GEWERBEHYGIENE
IN FRANKFURT A. M. PLATZ DER REPUBLIK 49
===== NEUE FOLGE. HEFT 22 =====

Die Aschebeseitigung in Großkesselanlagen

Im Auftrag des Technischen Ausschusses
der Deutschen Gesellschaft für Gewerbehygiene

unter Mitwirkung von

A. Pasch	**D. Andresen**	**M. Schimpf**
Regierungs- und Gewerberat	Gewerberat	Oberingenieur
Gumbinnen	Berlin	Essen

nebst Beiträgen von

F. Budde	und	**Dr. A. Rosebrock**
Gewerberat		Gewerberat
Bitterfeld		Köln

bearbeitet von

A. Rühl	und	**R. Schulte**
Ministerialrat		Direktor des Dampfkessel-
im Preußischen Ministerium		überwachungsvereins der Zechen
für Handel und Gewerbe		im Oberbergamtsbezirk Essen

Mit 23 Abbildungen

Berlin
Verlag von Julius Springer
1928

ISBN 978-3-642-93763-7   ISBN 978-3-642-94163-4 (eBook)
DOI 10.1007/978-3-642-94163-4
Alle Rechte, insbesondere das der Übersetzung
in fremde Sprachen, vorbehalten.

Vorwort.

Beim Betriebe der Dampfkessel fallen Asche und Schlacke ab, die regelmäßig beseitigt werden müssen. Solange die Kessel noch verhältnismäßig klein waren, bot dies keine besonderen Schwierigkeiten. Man verfuhr dabei in der gleichen Weise, wie bei der Beseitigung der Asche an Öfen und anderen Feuerungen. Das Herausziehen, Verladen und Abfahren der Asche und Schlacke war zwar stets eine unangenehme und wegen der Hitze und des Staubes auch gesundheitlich nicht unbedenkliche Arbeit, aber mit einfachen Mitteln auszuführen. Durch vorsichtiges Arbeiten und Anfeuchten der Rückstände gelang es meistens auch, den Staub und die Hitze soweit zu unterdrücken, daß im allgemeinen erhebliche Belästigungen und Gesundheitsgefahren nicht zu befürchten waren. Im Laufe der Zeit hat aber die Größe der Kesselanlagen und dementsprechend auch die Menge der täglich anfallenden Asche und Schlacke ständig zugenommen, so daß ihre einwandfreie Beseitigung in den Großkesselanlagen immer größere Schwierigkeiten machte. Die Heizer und Kesselwärter hatten vollauf mit der Bedienung und Überwachung der Kessel zu tun und konnten nicht noch nebenbei die Abfuhr der Asche übernehmen. Dazu wurden besondere Leute angestellt, die nun auch dauernd den unausbleiblichen Belästigungen durch Staub und Hitze ausgesetzt waren. Aber nicht nur vom Standpunkte des Arbeiterschutzes, sondern auch vom wirtschaftlichen Standpunkte wurde eine einwandfreie Lösung dieser schwierigen Frage immer dringender, denn die Aufwendungen für die Beseitigung der Asche wurden immer empfindlicher. Infolgedessen wurden zahlreiche Versuche angestellt, um geeignete, zuverlässig arbeitende Einrichtungen dafür zu finden. Diese Versuche haben auch Erfolg gehabt, so daß jetzt schon mehrere Anlagen im Betriebe sind, die mit gutem Erfolge die Beseitigung der Asche bewerkstelligen.

Der Technische Ausschuß der Deutschen Gesellschaft für Gewerbehygiene hat daher geglaubt, daß den beteiligten Kreisen eine Zusammenstellung und kritische Betrachtung dieser Einrichtungen nützlich und willkommen sein könnte. Auf seine Bitte haben die Herren Rühl, Ministerialrat im Ministerium für Handel und Gewerbe, und Herr Schulte, Direktor des Dampfkessel-Überwachungsvereins der Zechen im Oberbergamtsbezirk Dortmund, unter Mitwirkung der Herren Regierungs- und Gewerberat Pasch in Gumbinnen, Gewerberat Andresen in Berlin und Oberingenieur M. Schimpf in Essen die Bearbeitung übernommen. Die Herren Gewerberat Budde in Bitterfeld und Dr. A. Rosebrock in Köln a. Rh. haben in besonderen — als Anlage beigefügten — Abhandlungen die eigenartigen Verhältnisse in dem mitteldeutschen und dem rheinischen Braunkohlengebiete geschildert, wobei Herr Gewerberat Rosebrock sich der Unterstützung des Herrn Gewerbeassessors Oldemeyer zu erfreuen hatte. Allen diesen Herren sei auch an dieser Stelle bestens gedankt.

Möge das Werk, das sie in gemeinsamer Arbeit geschaffen haben, dazu beitragen, die Herstellung einwandfreier Einrichtungen zur Beseitigung der Asche zu fördern und damit nicht nur der Volkswirtschaft, sondern auch dem Arbeiterschutz nützen.

Deutsche Gesellschaft für Gewerbehygiene.

Der Vorsitzende des Technischen Ausschusses:

Dr. Leymann
Geheimer Oberregierungsrat

Inhaltsverzeichnis.

	Seite
1. Allgemeines	1
Aschegehalt der Kohle und Ascheanfall	1
2. Alte Entaschungsweisen in Kleinanlagen	2
3. Verbesserungen	3
4. Flugaschebeseitigung	4
5. Belästigungen und Schäden beim Transport der Asche	5
6. Neuere Entaschungsvorrichtungen	6
a) Mechanische Entaschungsanlagen	7
b) Pneumatische Entaschung	11
c) Nasse Entaschung	20
7. Rheinisches Braunkohlengebiet	33
8. Mitteldeutsches Braunkohlengebiet	42
9. Schlußbemerkungen	44

1. Allgemeines.

Die nachstehenden Ausführungen über die Beseitigung der Asche von Großkesselanlagen sollen kein erschöpfendes Bild davon geben, sondern lediglich zeigen, wie diese Beseitigung in einigen großen Industriegebieten — Oberschlesien, Mitteldeutschland, Ruhrgebiet, Rheingebiet — geschieht und inwieweit die Technik auf diesem Gebiete dem allgemeinen Fortschritt gefolgt ist. Wenn auch ohne nähere Prüfung der Verhältnisse als feststehend angenommen werden kann, daß mit der in immer stärkerem Ausmaße erfolgenden Einführung großer Kessel und der hiermit zusammenhängenden mechanischen Bedienung der Kesselanlagen auch die Beseitigung der Asche wesentliche Fortschritte gemacht hat, so sollen die angeschlossenen Abhandlungen zeigen, welche verschiedenen Wege hierbei eingeschlagen worden sind, welche Vorzüge und Nachteile die einzelnen Verfahren aufweisen und welche Schwierigkeiten zu überwinden waren und noch zu überwinden sind, um eine sachgemäß und wirtschaftlich arbeitende Anlage zu erhalten. Die Abhandlungen lassen erkennen, daß in den der Betrachtung unterzogenen Gebieten die Entaschungsanlagen hinsichtlich ihrer Ausführung und Betriebsweise nach Maßgabe der örtlichen Verhältnisse und der anfallenden Rückstände eine mehr oder weniger weitgehende Sonderbehandlung erfahren. Aus diesem Grunde sind hinter den allgemeinen Abhandlungen noch eingehende Darlegungen einzelner Mitarbeiter angefügt, um den Lesern Gelegenheit zu geben, auch diejenigen Einzelheiten kennen zu lernen, die vorher keine Berücksichtigung gefunden haben.

Aschegehalt der Kohle und Ascheanfall.

In den betrachteten Industriegebieten ist der mittlere Aschengehalt der Kohle sehr verschieden, außerdem treten dabei in den einzelnen Kohlenarten und -sorten noch große Schwankungen auf. Der mittlere Aschengehalt dürfte etwa folgende Höhe erreichen:

Mitteldeutsche Braunkohle . . . 8 %
Rheinische Braunkohle . . . . 2,5 %
Oberschlesische Staubkohle . . 14 %
Ruhrnußkohle . . . . 5 %
Ruhrabfallkohle . . . . . . 28 %

Hierzu ist zu bemerken, daß die mitteldeutsche Braunkohle außerdem einen Wassergehalt von etwa 50%, die rheinische Braunkohle einen solchen von 60% hat entsprechend einem Heizwert von 2500 bzw. 2000 WE, so daß von mitteldeutscher Braunhohle etwa die zwei- bis dreifache, von rheinischer Braunkohle die drei- bis vierfache Menge wie von hochwertiger Steinkohle verfeuert werden muß. Der Aschegehalt oberschlesischer Staubkohle schwankt in weiten Grenzen von etwa 8 bis 20% je nach der Reinheit des Flözes. Die Ruhrabfallkohle enthält außer 25—30% Asche auch noch 15—25% Wasser, dementsprechend schwankt der Heizwert etwa 5000 bis 6000 kcal/kg. Es handelt sich hier um Mittelgut, Schlamm und Koksasche, die auf den Zechen des Ruhrgebietes zur Dampferzeugung mit herangezogen werden. Rechnet man die Verdampfungsziffer für mitteldeutsche Braunkohle 2,5 fach, für rheinische Braunkohle 2 fach, für oberschlesische Staubkohle 6 fach, für Ruhrnußkohle 8 fach und für Ruhrabfallkohle 5,5 fach, so ergeben sich für die t Dampf folgende Rückstandsmengen:

Mitteldeutsche Braunkohle . . 32 kg
Rheinische Braunkohle . . . 12 „
Oberschlesische Staubkohle . . 23 „
Ruhrnußkohle . . . . . 6 „
Ruhrabfallkohle . . . . . 50 „

Rechnet man 1 t Dampf = 200 kWh, so ergeben sich für ein größeres Elektrizitätswerk von 500000 kWh täglicher Stromerzeugung folgende Rückstandsmengen:

Mitteldeutsche Braunkohle . . . 80 t/Tag
Rheinische Braunkohle . . . . 30 „
Oberschlesische Staubkohle . . . 57 „
Ruhrnußkohle . . . . 15 „
Ruhrabfallkohle . . . . . . 125 „

Hierzu kommen noch die unvermeidlichen Mengen an Unverbranntem in den Herdrückständen, die bei älteren Feuerungen und schlechter Wartung bis zu 50% betragen können, bei modernen Rost- und Kohlenstaubfeuerungen jedoch äußerst gering sind. Aus der Aufstellung geht hervor, daß die Rückstandsmengen in sehr weiten Grenzen schwanken, daß demnach die Anforderungen an die Entaschungsanlagen schon wegen der Mengenbewältigung sehr weit voneinander verschieden sind. Sieht man von der Ruhrabfallkohle ab, die nur in geringen Mengen zur Verfügung steht und für die Großkraftversorgung nicht in Frage kommt, so steht am ungünstigsten die mitteldeutsche Braunkohle da mit 80 t/Tag Rückstand für ein größeres Elektrizitätswerk. Bedenkt man ferner, daß die Errichtung von Riesenkraftwerken in den beiden größten deutschen Braunkohlengebieten, dem mitteldeutschen und dem rheinischen, ihren Anfang nahm, so zeigt die Gegenüberstellung der Rückstandsmengen in diesen beiden Gebieten, daß die Schwierigkeiten im mitteldeutschen Braunkohlengebiet ungleich größer gewesen sein müssen als im rheinischen.

2. Alte Entaschungsweise in Kleinanlagen.

Die Entaschung erfolgte bisher und erfolgt auch zum Teil jetzt noch in kleineren und mittleren Anlagen mit Flammrohrkesseln und

Wasserrohrkesseln in folgender Weise. Je nach dem Aschegehalt der verfeuerten Steinkohle wird einmal oder mehrere Male je Schicht entschlackt. Bei hochwertiger Steinkohle genügt einmalige Entschlackung. Nach dem Aufbrechen der Schlackenkuchen auf dem Rost werden die Rückstände mit Krücke und Kratze in eine untergeschobene Karre oder auf den Boden des Heizerstandes befördert, abgelöscht und abgefahren. Hierbei entwickeln die noch nicht völlig ausgebrannten Rückstände Gase (SO_3, CO_2, CO), wozu durch das Ablöschen noch Wasserdampf tritt. Die Belästigung des Bedienungspersonals durch diese Gase, durch den aufwirbelnden Staub und durch die Hitze kann unter Umständen recht beträchtlich sein. Bei Braunkohlentreppenrosten ist die Belästigung in der Regel geringer, weil bei diesen meistens Aschenkeller vorhanden sind, in welche die glühende Schlacke beim Ziehen des Schlackenschiebers hineinfällt, ohne den Heizer zu belästigen. Allerdings sind die Aschenkeller in den älteren Anlagen durchaus unzureichend. Sie haben oft nur eine geringe Höhe und Breite (1,5—2,5 m), so daß ein erwachsener Mann nur gebückt gehen kann. Sie sind unsauber, schlecht erleuchtet und gelüftet und daher gesundheitsschädlich. Fenster befinden sich oft gar nicht in den Aschenkellern, Türen nur an den beiden Enden. Die Asche fällt durch Trichter auf den Boden des Aschekellers, kühlt dort aus und wird später in Kippwagen geschaufelt und abgefahren. Da die Keller meistens unter Flur liegen, muß die Heraufbeförderung durch schiefe Ebene oder Aufzüge erfolgen. Beim Ziehen des Schlackenschiebers ist Verständigung des im Keller befindlichen Personals durch die Heizer erforderlich, was in der Regel auf die einfachste Weise durch Klopfen oder Rufen erfolgt. Unterbleibt dieses, so ist das vorbeigehende Personal durch herabfallende, glühende Schlacke gefährdet. Die Arbeit in diesen Kellern ist natürlich wegen der schlechten Beleuchtung und Lüftung noch weniger erfreulich als am Heizerstand. Das Heizerpersonal wird allerdings von den schädlichen Einwirkungen der glühenden Herdrückstände befreit, dafür ist aber die Arbeit des Schlackenpersonals um so gesundheitsschädlicher.

Es kommt hinzu, daß die Aschenkeller oft nicht genügend Rückzugsmöglichkeiten bieten und durch das Abspritzen der glühenden Rückstände oft schlüpfrigen Schlamm enthalten, der bei nicht genügendem Gefälle der Sohle keine Abflußmöglichkeit hat. Auch bei Steinkohlenfeuerungen ist man in größeren Betrieben schon vor längerer Zeit zur Anlage solcher Entaschungen übergegangen, die auch in der Regel unter Flur angeordnet wurden und dieselben Mißstände aufwiesen wie bei Braunkohlenkesselanlagen.

Die Kosten der Schlacken- und Aschenbeseitigung werden bei solchen Anlagen mit 1 M/t angegeben.

3. Verbesserungen.

Gewisse Verbesserungen wurden in dieser Betriebsweise unter Beibehaltung der Aschenkeller dadurch erzielt, daß man die Asche nicht mehr auf den Boden des Kellers fallen ließ, sondern in untergeschobene

Kipp- und Hängewagen. Auch ging man dazu über, die Schlacke zunächst in Bunkern zu sammeln, die durch Schieber verschlossen waren. Beim Öffnen der Schieber erfolgte dann die Füllung des Wagens in sehr kurzer Zeit und war nicht mehr abhängig von der Dauer der Entschlackungen. Weiter traf man die Einrichtung, die Schieber aus angemessener Entfernung zu öffnen, so daß die Bedienungsmannschaft nicht gefährdet war. Es wurden in den Kellern ferner Schutznischen angebracht, in die die Arbeiter in Fällen der Gefahr flüchten konnten. In die Aschetrichter wurden Brausen hineingelegt, um die Schlacke schon vor dem Einfüllen ablöschen zu können. Hierbei ereigneten sich allerdings, insbesondere bei Braunkohlenrückständen, kleinere Explosionen durch den plötzlich entwickelten Wasserdampf, die jedoch harmlos verliefen und das Bedienungspersonal nicht gefährdeten. Der Boden der Keller wurde mit Gefälle verlegt, so daß eine bessere Reinigung möglich war. Man vergrößerte ferner die Ausmaße der Keller, sorgte für Luft und Licht durch Anordnung von Fenstern oder durch künstliche Beleuchtung sowie durch künstliche Belüftung. Hierbei war es nicht immer erforderlich, Ventilatoren einzubauen, es bewährten sich sehr gut Entlüftungsrohre, die an den Schornstein angeschlossen waren und so auf natürliche Weise die schlechten Gase aus dem Aschenkeller absaugten. In anderen Anlagen wurden die Tragsäulen des Kesselgerüstes hohl ausgeführt und mit Schlitzen im Aschenkeller versehen, so daß die schlechte Luft im Aschenkeller durch diese Schlitze abgesaugt werden konnte. Auch diese Anlagen bewährten sich.

In einer anderen Anlage wurde der Aschenkeller als vollständig dicht abgeschlossener Raum ausgeführt. Während der Entschlackung durfte sich kein Bedienungspersonal im Keller aufhalten, jedoch konnte durch ein Schauloch in der Türe die Entleerung der Aschetrichter beobachtet werden. Nach dem Entschlacken wurde der Keller gelüftet und dann erst erfolgte das Einschaufeln und Abfahren der Rückstände. (Vgl. Abschnitt 7, S. 34.)

4. Flugaschebeseitigung.

Die Beseitigung der Flugasche aus den Zügen ist mit geringen Schwierigkeiten verbunden. Die Ablagerung erfolgt bei Flammrohrkesseln weniger in den Seitenzügen als vielmehr in eigens dazu bestimmten Flugaschensäcken, die in der Regel an den Umkehrstellen vorgesehen werden, wo sowieso infolge des Richtungswechsels und der Geschwindigkeitsverringerung ein Ausfall an Flugasche stattfindet. Bei Steinkohlenfeuerung ist die Flugaschenmenge in den Zügen bei weitem geringer, weil in der Regel mit geringeren Zugstärken und geringerer Zuggeschwindigkeit gearbeitet wird, und endlich die Steinkohle weniger zur Flugaschenbildung neigt. Der größte Teil der Rückstände fällt bei Steinkohlenfeuerung als Schlacke im Feuerraum selbst an. Aus diesem Grunde ist es bei Steinkohlenfeuerung in der Regel auch nicht notwendig, an den Umkehrstellen besondere Aschensäcke vorzusehen. Von schädlicher Wirkung in wärmewirtschaftlicher Beziehung ist die Ablagerung der

Flugasche in den Flammrohren selbst. Versuche des Dampfkessel-Überwachungs-Vereins der Zechen im Oberbergamtsbezirk Dortmund ergaben, daß die Kessel, deren Flammrohre ungefähr zur Hälfte mit Flugasche angefüllt waren, in ihrer Leistung und Brennstoffausnutzung um 15% zurückgingen. Bei Steinkohlenfeuerung genügt jedoch die wöchentlich einmalige Reinigung der Flammrohre mittels Kratzern. Auch haben sich Einbauten bewährt, die entweder mit Drallwirkung oder durch Geschwindigkeitsvergrößerung der Rauchgase auf der Unterseite der Flammrohre eine Ablagerung von Flugasche verhindern; allerdings ist hierbei ein geringer Zugverlust mit in Kauf zu nehmen.

Stärker ist der Anfall von Flugasche in den Zügen der Wasserrohrkessel, weil die einzelnen Wasserrohre der Flugasche Widerstand leisten und ihr Ausfallen begünstigen. Hierbei gilt wiederum das bereits über den Flugaschenanfall bei Stein- und Braunkohle Gesagte. Zur Reinigung der Rohre hat man bei Braunkohlenfeuerung schon seit vielen Jahren Ausblasevorrichtungen bestehend aus gußeisernen Rohren eingeführt, die nach hinten gerichtete Düsen tragen, wodurch mittels Dampf oder Preßluft die Flugasche aufgewirbelt und zur Ablagerung an anderer Stelle gezwungen wird.

Die Rauchgasvorwärmer sind als wirksame Flugaschenfänger bekannt. Sie sind daher auch wie die Züge der Wasserrohrkessel stets mit besonderen Aschetrichtern versehen, die unten durch Schieber verschlossen werden. Die Beseitigung der Flugasche aus diesen Aschetrichtern ist weniger gesundheitsschädlich als die Entfernung der Schlacke, weil die Asche in der Regel vollkommen ausgebrannt und abgekühlt ist. Es fällt daher die Belästigung durch Gase, Hitze und Dampf fort, und es bleibt nur übrig die Belästigung durch Staub, die sich jedoch bei entsprechender Befeuchtung auch verringern läßt. Die Asche wird in der Regel von Hand in Förderwagen geschaufelt und dann abgefahren. (Betr. Flugaschenfang siehe außerdem Abschnitt 7, S. 40.)

5. Belästigungen und Schäden beim Transport der Asche.

Bei manchen Anlagen haben sich beim Transport der Schlacke und Asche in Förderwagen auf die Halde große Unzuträglichkeiten herausgestellt durch Aufwirbelung der Flugasche, durch Funkenflug und dadurch verursachte Brände. Bei einer Anlage wird auch geklagt über das Verbrennen hölzerner Schwellen der Förderwagen und der Leitungsmasten durch herausgefallene glühende Schlackenstücke. Man suchte dieser Schäden dadurch Herr zu werden, daß die Schlackenwagen vor Verlassen des Kellers stark bespritzt wurden. Hierbei traten jedoch wiederum die bereits oben geschilderten Explosionen auf. Endlich bewirkt das Kippen der Wagen auf der Halde eine sehr starke Staubaufwirbelung, die zu Belästigungen der Nachbarschaft führt. Aus diesem Grunde ist die Beförderung von nicht völlig abgelöschter und durchnäßter Asche und Schlacke auf weite Entfernungen durch bewohnte Gegenden und Wälder nicht ratsam.

6. Neuere Entaschungsvorrichtungen.

Die in Großbetrieben anfallenden großen Mengen Asche und Schlacke gaben den Anstoß zur Einführung der mechanischen Entaschung bei Großkesselanlagen und zu einem ersprießlichen Fortschritte auf diesem Gebiete. Über die anfallenden Mengen gibt die Aufstellung auf S. 2 ein klares Bild. Sie zeigt, daß die Aschen- und Schlackenmengen in Großanlagen oft weit größer sind als der Kohlenverbrauch von recht beachtlichen, mittleren Anlagen, und daß die Aschenbeseitigung durch Handbetrieb nicht nur aus hygienischen, sondern auch aus wirtschaftlichen Gründen nicht mehr durchführbar ist. Schon im Jahre 1920 hat Scholtes in den „Mitteilungen der Vereinigung der Elektrizitätswerke" Nr. 27 nachstehende Forderungen an mechanische Entaschungsanlagen aufgestellt, die zeigen, daß man schon damals die Bedingungen für solche Anlagen klar erkannt hat.

1. Handarbeit muß möglichst fortfallen. Nach dem Vorbild der Bekohlungsanlagen sind möglichst automatisch wirkende, mechanische Einrichtungen zu schaffen.

2. Arbeiter sollen nur insoweit nötig sein, als sie eine kontrollierende Tätigkeit ausüben. Anstrengungen von Hand sind gänzlich auszuschalten.

3. Es sind geräumige Behälter wie Bunker, Füllrümpfe, Aschetaschen anzulegen, damit die Entaschung nur an Werktagen und nur in einer Schicht nötig ist. Zur Nachtzeit sowie an Sonn- und Feiertagen soll die Aschearbeit völlig ruhen. Diese Pausen dienen zur Nachschau und Instandsetzung.

4. Die Entaschungsanlagen sollen völlig staublos arbeiten und in ihrer Vollkommenheit und Betriebssicherheit den Bekohlungsanlagen nicht nachstehen. Im Falle des Stilliegens durch eine Störung müssen Einrichtungen getroffen werden, die es ermöglichen, nötigenfalls mit Handarbeit einzugreifen. Die Vorkehrungen müssen so sein, daß völlig werkfremde Arbeiter sowie Erwerbslose ohne weiteres verwendbar sind.

Ich möchte diesen vier Punkten nach den Ausführungen in dem vorigen Kapitel noch einen fünften hinzufügen:

5. Die Aschenkeller sind überirdisch anzulegen, sie sollen so geräumig sein, daß das Bedienungspersonal sich frei und ungehindert bewegen kann und im Gefahrfalle Rückzugsmöglichkeit hat; sie sollen hell, gut gelüftet und sauber sein. Der Fußboden muß geneigt angelegt werden, so daß er leicht gereinigt werden kann. Alle Rohrleitungen sind im Aschekeller übersichtlich und möglichst hoch zu verlegen.

Die neueren Entaschungsanlagen unterscheiden sich wesentlich voneinander; die ältesten sind wohl die in Anlehnung an andere Förderanlagen gebauten rein mechanischen. Kurz vor dem Kriege tauchten dann zuerst die Luftdruckförderanlagen — pneumatischen — auf, denen später die nassen — hydraulischen — Entaschungsanlagen folgten. Die Entwicklung brachte jedoch auch eine Verbindung der einzelnen Systeme miteinander.

a) Mechanische Entaschungsanlagen.

Schüttelrutschen. Im Steinkohlenbergbau, wo die Schüttelrutsche zur Beförderung der Kohle ein altbekanntes und bewährtes Beförderungsmittel ist, wurde der Versuch gemacht, diese Vorrichtung auch für die Beförderung der Asche und Schlacke nutzbar zu machen. In einer größeren Kesselanlage arbeiten zwei Schüttelrutschen gegeneinander auf ein Muldenförderband, das die Rückstände durch eine Verteilungstrommel einem Becherwerk zuführt. Dieses fördert in einen Aschenbehälter, aus welchem die Asche in Förderwagen abgezogen wird. Bei einer täglichen Schlackenmenge von 15 t sind je Schicht zwei Mann für die Bedienung erforderlich. Diese beiden Leute vermögen die anfallende Aschenmenge auch ohne mechanische Zwischenmittel von Hand in die Förderwagen zu schaufeln. Gegenüber Handbetrieb ergibt sich also keine geldliche Ersparnis. Der Verschleiß der

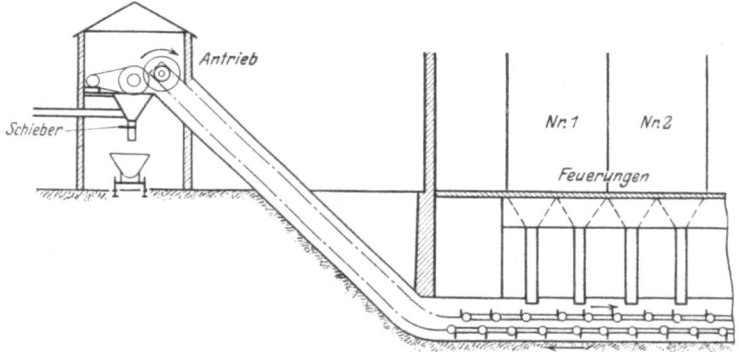

Abb. 1. Kratzbandentaschung.

Förderanlage ist erheblich. Die nicht abgelöschte Asche verursacht eine starke Staubentwicklung. Die großen Schlackenstücke mußten von Hand zerschlagen werden, ehe sie in die Verteilungstrommel gelangten. Das Becherwerk mußte wegen starker Verschmutzung häufig gereinigt werden.

Kratzbänder (s. Abb. 1). Kratzbandentaschung findet sich sowohl bei steinkohle- als auch bei braunkohlegefeuerten Kesseln. Das Kratzband bewegt sich in einem Troge parallel der Kesselfront unter den Aschetrichtern vorbei. Die Aschetrichter haben Stutzen, die in den mit Wasser gefüllten Trog hineinragen, so daß beim Entleeren der Trichter keine Staubaufwirbelung stattfindet. Als Bunkerverschlüsse dienen Drehschieber, welche den Eintritt von Fehlluft sicher vermeiden. Das Kratzband befördert die Rückstände zu einer Schurre, aus welcher sie in untergeschobene Förderwagen hineinstürzen. Beim Betriebe des Kratzbandes zeigte sich, daß die feine Asche vom Wasser nicht vollkommen benetzt wurde und nicht mit untersank, sondern an der Wasseroberfläche einen dicken Brei bildete, der von Zeit zu Zeit von Hand entfernt werden mußte. Der Verschleiß des Kratzbandes ist nicht unerheblich.

Bei einer täglichen Rückstandsmenge von 18 t ist ein Mann Bedienung je Schicht erforderlich. Die Anlagen arbeiten staubfrei und sauber. Durch ein bewegliches Lager kann das Band nachgespannt werden. Damit keine Eisenteile in den Trog gelangen, ist unter jedem Aschetrichter ein Siebblech angebracht (vgl. Abschnitt 8, S. 44).

Pendelbecher. In einem größeren Elektrizitätswerk hatte man zur Beförderung der Asche ein Pendelbecherwerk unterhalb der Aschetrichter vorbeigeführt. Das Füllen der Kästen war jedoch mit großer Staubaufwirbelung verbunden, die vielleicht zu vermeiden wäre, wenn das Becherwerk dauernd betrieben würde. Es wurde jedoch wegen des Verschleißes nur im Bedarfsfalle in Bewegung gesetzt. Da die Asche

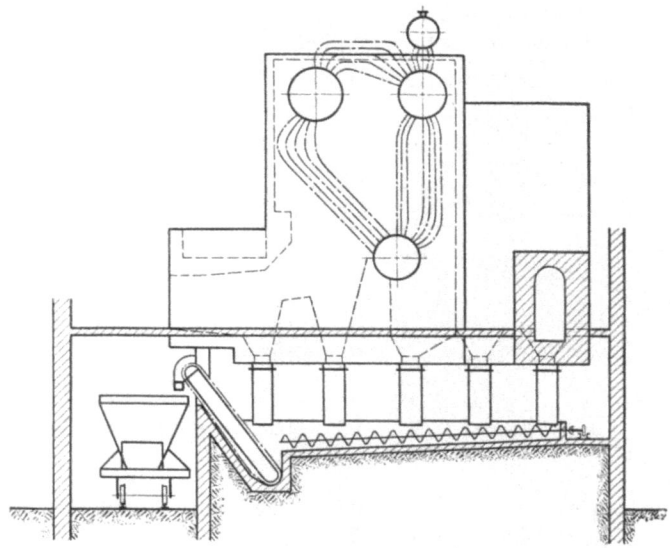

Abb. 2. Becherwerk mit Schnecke.

trocken eingefüllt wurde, so entstanden weitere Staubaufwirbelungen, sobald die Asche in den Bechern ins Freie gelangte und dort vom Wind erfaßt wurde. Verschleiß und Verschmutzung dürften auch bei dieser Anlage groß sein. Diese Art der Entaschung ist daher auch nicht als hygienisch einwandfrei anzusehen. Sie hat sich aus diesen Gründen auch wohl nicht eingeführt.

Becherwerk und Schnecken (s. Abb. 2). In einer braunkohlegefeuerten Anlage der chemischen Industrie befindet sich eine mit Schnecke und Becherwerk betriebene Entaschungsanlage. Die Steilrohrkessel haben fünf Aschetrichter, wovon zwei auf den Feuerraum, zwei auf die Züge und einer auf den Vorwärmer entfallen. Unter den Aschetrichtern führt in einem Abstand von 1,5 m ein 1 m tiefer Trog vorbei, der mit Wasser gefüllt ist. Unter dem ersten zum Rost gehörigen Aschetrichter ist der Trog zu einer Grube vertieft. Die Aschetrichter sind mit dem Trog durch in das Wasser hineintauchende Rohre verbunden, so daß das Abziehen der Asche staubfrei erfolgt. Glühende Schlacketeilchen werden sofort im Wasser abgelöscht. Die Schnecke befördert Asche und Schlacke in die Grube hinein, von wo ein Becherwerk sie über eine Schurre in untergeschobene Förderwagen befördert. Die Schneckenwelle läuft in vier Pockholzlagern, die mit Druckwasser geschmiert werden. Das Druckwasser verhindert das Eindringen von sandiger Flugasche in die Lager und hält damit den Verschleiß der Lager in erträglichen Grenzen. Auch die beiden unteren Wellenlager des Becherwerkes werden aus demselben Grunde mit Druckwasser geschmiert. Da diese Druckwassermenge die Wasserverluste übersteigt, fließt ein Teil des Wassers ständig ab und nimmt dabei die in der Schwebe gehaltenen Ascheteilchen mit. In einer Sammelgrube wird das Wasser geklärt, um dann wieder nutzbar gemacht zu werden. Der Wasserverbrauch beträgt etwa 0,5 cbm/t Asche. Der Verschleiß hält sich in normalen Grenzen. Die Anlage hat sich gut bewährt (siehe auch Abschnitt 8, S. 43).

Einzelabscheider System Schwabach (s. Abb. 3). Die Vorrichtung besteht aus einem schräggelagerten kreisrunden Behälter, der bis zu einer bestimmten Höhe mit Wasser gefüllt ist. In das Wasser taucht ein Füll-

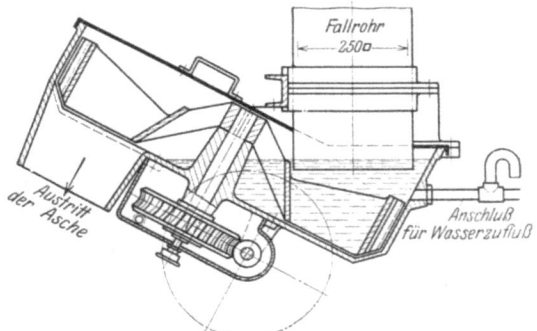

Abb. 3. Einzelabscheider Schwabach.

rohr hinein, das an den Aschetrichter angeschlossen ist, so daß die Asche gänzlich abgelöscht zu Boden sinkt. Gleichzeitig wird durch das Eintauchen der Rohre ein sicherer Luftabschluß erreicht. In dem schräg gelagerten Behälter rotiert ein Schaufelrad mit etwa einer Umdrehung je Minute, bestehend aus einem Schaufelkranz und senkrecht angeordneten, breiten Speichenflächen. Diese streifen die auf dem Boden des Behälters befindliche Asche nach dem oberhalb des Wasserspiegels liegenden Teile des Behälterbodens, wobei das überschüssige Wasser zurückläuft und die Asche durch eine an der höchsten Stelle befindliche Auslauföffnung abgeworfen wird. Sie fällt in untergestellte Muldenkippwagen. Die Asche verläßt den Apparat in handfeuchtem Zustande. Die Größe der Abscheider schwankt je nach der dauernd anfallenden Aschenmenge. Die kleinste Ausführung ist für die Ausscheidung der Flugasche gebaut mit einer Fallrohrweite von 250 mm, die größte mit einer Fallrohrweite von 500 mm. Die Abscheider sind vollständig gekapselt. Der Antrieb ist gegen Staub geschützt. Für die Beaufsichtigung und Unterhaltung der Apparate ist in einem Werke mit drei Wasserrohrkesseln von je 400 qm je ein Mann während zwei Schichten erforderlich, während in der dritten Schicht das Heizerpersonal die Bedienung mitbesorgt. Bei den ersten Ausführungen war der Schneckenantrieb nicht gekapselt. Verschmutzung und Verschleiß führten zur nachträglichen Einkapselung, wodurch die Abnutzung auf ein normales Maß zurückgeführt wurde. Die Stutzen unter den Aschentrichtern zeigten an der Eintauchstelle Neigung zum Verstopfen. Dieses wurde durch Anbringung von Reinigungsöffnungen vermieden, durch welche von Zeit zu Zeit von Hand nachgestoßen werden kann. Die äußeren Kränze der Schaufelräder hatten von der Behälterwand anfangs nur 1 cm Abstand. Dieses führte zum Festklemmen von Schlackenstücken zwischen Radkranz und Behälterwand und dann zum Bruch der gußeisernen Schaufelräder. Bei neueren Ausführungen wurde der Spielraum zwischen Radkranz und Gehäusewand auf 3 cm vergrößert und auf den Umfang des ersteren etwa sechs Winkel als Abstreifer aufgenietet, wodurch die Schwierigkeiten behoben wurden. Die Apparate wurden ursprünglich auch ohne Abdeckung der Gehäuse geliefert. Bei plötzlicher ungeschickter Aufgabe glühender Schlacke kam es vor, daß durch die plötzliche Dampfbildung Wasser aus dem Behälter geschleudert wurde und die Bedienungsmannschaften verletzte. Die Apparate erhielten daher vollständige Abdeckung, so daß eine Gefährdung der Bedienungsmannschaften nicht mehr eintreten kann.

Die zum Antrieb der Apparate dienenden Antriebsketten waren anfangs zu schwach, sie wurden später durch stärkere ersetzt. Statt der Ketten können auch Übersetzungsgetriebe angewandt werden.

In der erwähnten Anlage von drei Kesseln je 400 qm betragen die monatlichen Unkosten ohne Verzinsung und Abschreibung 360 M. bei einem Ascheanfall von 360 t. Daraus errechnen sich die Unkosten auf 1 M/t. Hierin sind die Kosten für den Betrieb eines elektrischen Fahrstuhls für die Beförderung der Wagen auf Terrainhöhe nicht enthalten.

Da die Erfahrung gelehrt hat, daß in den hinteren Zügen weniger Flugasche anfällt, so hat man sich in einer Anlage auf die Anwendung des Schwabachschen Apparates unter dem ersten Aschentrichter, der unter dem Rost liegt, beschränkt. Unter den übrigen Aschentrichtern sind statt der Abscheider einfache wassergefüllte Sammelkästen eingebaut, die durch Rohrleitungen mit dem vorderen Schlackenabscheider in Verbindung stehen. Die in die Kästen fallende Flugasche wird durch eine Spülvorrichtung zum vorderen Abscheider befördert und dort durch den Kratzer dauernd entfernt. Die Spülvorrichtung besteht aus düsenartigen Behältern, aus denen von Zeit zu Zeit ein kurzer Wasserstrahl in die Förderleitung strömt, die Asche immer um ein geringes Stück vorschiebend. Als Druckwasser genügt das Leitungswasser. Die automatische Spülung wird vom Schaufelrad gesteuert. Das überschüssige Wasser ist gering und fließt durch einen Überlauf ab. Bei dieser Anlage bewirkt das Spülwasser selbst die Drehung des Schaufelrades, ehe es in die Spülleitung gelangt.

b) Pneumatische Entaschung.

Die pneumatische Entaschung (vgl. auch Abschn. 8, S. 37 ff.) wurde zuerst auf einem im Jahre 1912 erbauten Elektrizitätswerke im rheinischen Braunkohlengebiete angewandt. Diese von der Firma Hartmann in Offenbach erbaute Anlage besteht im wesentlichen aus dem Aufnehmer mit Saugrüssel, den Aschen-Förderleitungen, den Sammelbehältern, den Naßfiltern, den Trockenfiltern, den Luftpumpen, den Förderschnecken und den erforderlichen Antriebsmotoren. Die Schlackenaufnehmer sind an den Aschentrichtern befestigt (s. Abb. 4 und 5). Der Aufnehmer hat eine Verschlußklappe, um beim Versagen der Anlage die Entaschung auch von Hand vornehmen zu können. An den Aufnehmer schließt sich die Förderleitung unmittelbar an, die unter

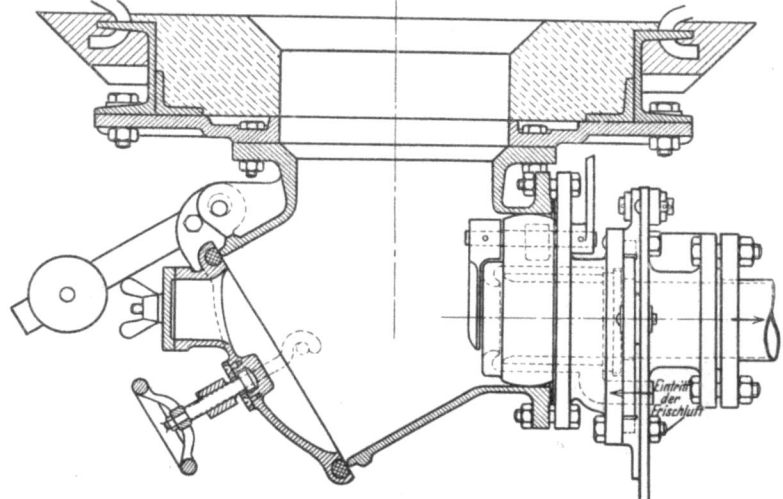

Abb. 4. Schlackenaufnehmer.

einem Unterdruck von 35—40 mm Quecksilbersäule steht. Im unteren Teile der für Rostschlacke bestimmten Kästen befindet sich ein Rost, der die groben Stücke zurückhält, so daß sie von Hand zerstoßen werden können. Durch eine Öffnung dicht unter dem Rost bzw. im Aschebunker wird Luft angesaugt, die mit einer Geschwindigkeit von 30—40 m/sek die Asche aus dem Bunker mit sich fortreißt. Beim Eintritt in die Sammelbehälter erfolgt eine Verringerung der Luftgeschwindigkeit auf 1/800, die das Ausscheiden der Asche aus dem Luftstrom bewirkt. Die Asche sammelt sich also trocken in den Sammelbehältern an. Diese können mit einer Abschlußschleuse und drehbarem Zellenrotor versehen werden, so daß sie während des Betriebes gefüllt und entleert werden. Bei ständiger Drehung des Zellenrotors wird die Asche dauernd in die darunter stehende Förderschnecke ausgetragen. Die abgesaugte Luft gelangt zunächst in einen

Feinstaubkessel und von da in einen teilweise mit Wasser gefüllten Naßschutzkessel, um sie von mitgerissenem, feinen Staub zu befreien. Die Asche wird beim Austritt aus dem Zellenrotor abgelöscht und zwar mit dem im Naßschutzkessel verbrauchten Wasser. Trotz der geringen Luftgeschwindigkeit in den Sammelbehältern werden nicht unerhebliche Mengen von Asche und Staub in die Pumpen mitgerissen. Dieses führt zu starkem Verschleiß der Kolbenpumpen. Aus diesem Grunde hat die Firma Siemens Schuckert G. m. b. H. statt der Kolbenpumpen Wasserringpumpen eingeführt (s. Abb. 6). Die Pumpe besteht aus einem zylindrischen Gehäuse, in dem ein excentrisch gelagertes Flügelrad kreist, dessen Schaufeln das Gehäuse oben fast berühren, während unten ein größerer Abstand bleibt. Wird das Gehäuse

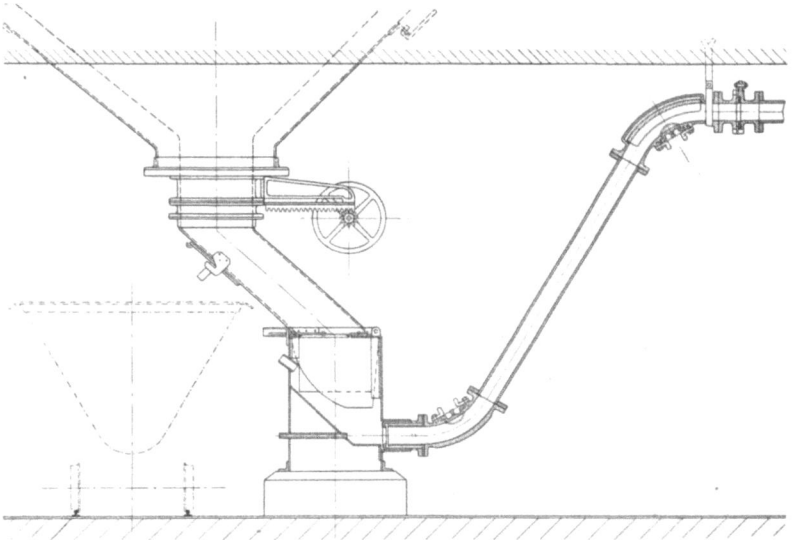

Abb. 5. Schlackenaufnehmer mit Anschlußleitung.

teilweise mit Wasser gefüllt und das Schaufelrad in Drehung versetzt, so wird das Wasser von den Schaufeln infolge der Fliehkraft nach außen geschleudert, wo es, als Ring sich der Wand des Gehäuses anpassend, mitkreist. Mit der Innenseite schließt der Wasserring an die Nabe des Schaufelrades an und bildet zusammen mit den Schaufeln die Räume für die zu fördernde Luft. Wegen der exzentrischen Lage des Schaufelrades ändert sich die Größe dieser Räume während der Drehung ständig. Dort, wo sich in der Drehrichtung während der Drehung die Räume vergrößern (Maximum bei senkrechter Tiefstellung einer Schaufel), befindet sich die Saugseite, die mit dem Saugstutzen in Verbindung steht. Auf der anderen Seite tritt entsprechend eine Verkleinerung der Lufträume und Verdichtung der Luft ein. Diese Druckseite ist mit dem Druckstutzen verbunden. Das für den Betrieb der Luftpumpe erforderliche Wasser saugen sie selbst an. Der noch in der Luft enthaltene Staub wird von Dichtungswasser niedergeschlagen und mit diesem ständig abgeleitet. Das Wasser dient gleichzeitig als Kühlwasser für die Pumpe, die ja die von der glühenden Asche erwärmte Luft zu fördern hat.

Die Asche wird unter ständigem Wasserzufluß in Klärbecken gespült, wo sie sich allmählich absetzt. Das geklärte Wasser wird wieder als Betriebswasser in das Entaschungsgebäude zurückgepumpt, arbeitet also im Kreislauf. Die Entleerung der gefüllten Sammelbehälter und der Weitertransport der Asche erfolgt durch Kratzband und Selbstentlader, wie oben geschildert. Für den Fall, daß keine Selbstentlader vorhanden sind, kann die Asche zunächst in Bunkern gesammelt werden. Die Selbstentlader befördern die Asche auf die Aschenhalde.

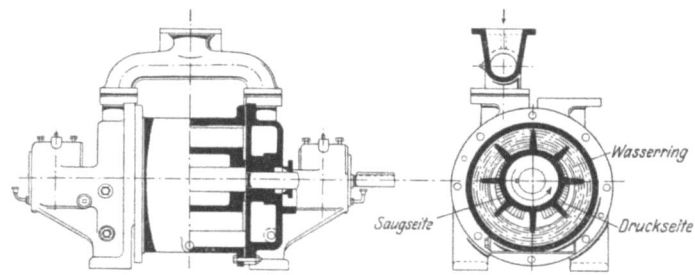

Abb. 6. Wasserringpumpe.

Diese Art der Entaschung ist der Handentaschung in jeder Beziehung überlegen. Sie geht in dem Aschekeller ohne Staubentwicklung und ohne Belästigung der Arbeiter durch Staub, Gase und Hitze vor sich. Das Kesselhaus selbst und sogar der Aschenkeller können sauber gehalten werden. Die bei der Handentaschung häufiger auftretenden Stichflammen beim Ascheziehen oder Abspritzen mit Wasser können nicht auftreten. Körperlich schwere Arbeit ist nicht mehr erforderlich; der Bedienungsmann zieht der Reihe nach die Aschenschieber einzeln hintereinander. Aber nicht nur im Aschenkeller wird der Staub vermieden, sondern auch der Weitertransport, das Verladen und Kippen der feuchten Rückstände außerhalb des Kesselhauses findet unter völliger Staubfreiheit statt. Zu diesen hygienischen Vorteilen kommen wirtschaftliche, da mit nur wenigen Arbeitern Aschenmengen beseitigt werden können, die durch Handarbeit nur unter größten Schwierigkeiten zu bewältigen wären.

Auf eine Gefahr der pneumatischen Entaschung muß jedoch hier hingewiesen werden. Wie bereits mehrfach erwähnt, ist das zu fördernde Gut ein Gemisch von ausgebrannter Asche und unverbrannter Kohlensubstanz. Vielfach noch im glühenden Zustande gelangt insbesondere die Schlacke vom Rost in die Saugleitung und zu dem Sammelbehälter. Da in der Leitung reichlich Luft, die ja das Transportmittel bildet, vorhanden ist, brennen die unverbrannten Rückstände weiter, zunächst am Anfang der Leitungen wahrscheinlich zu Kohlensäure, sehr bald aber infolge Sauerstoffmangels zu Kohlenoxydgas, das bekanntlich außer seiner großen Giftigkeit die Eigenschaft besitzt, in einem gewissen Gemisch mit Luft explosiv zu sein. Da ferner das ganze System, Rohrleitungen wie Sammelbehälter unter starkem Vakuum stehen, läßt sich niemals mit Sicherheit vermeiden, daß an irgendwelchen undichten Stellen der Leitung und der Behälter, an den Flanschverbindungen, Schiebern und dgl. Luft angesaugt wird. Die Folge ist oft die Bildung eines explosiblen Gas-Luftgemisches, das schließlich durch Funken zur Entzündung gebracht wird. Derartige Explosionen und Verpuffungen sind daher keine Seltenheit. Meist nehmen sie ihren Ausgang in den Sammelbehältern, weil hier die Rückstände zur Ruhe gekommen sind und am meisten nachvergasen. Um etwaigen Explosionen die zerstörende Kraft auf die Wandungen der Rohre und Apparaturen zu nehmen, sind an den Sammelbehältern Explosionsklappen angebracht, die bei unzulässiger Drucksteigerung sofort herausfliegen und den Stichflammen freien Weg nach außen gestatten. Im allgemeinen sind alle Explosionen und Verpuffungen bisher harmlos und ohne Unfallfolgen für die Arbeiter verlaufen. Das Vorhandensein der Explosionsklappen ist daher von großer Bedeutung für den Arbeiterschutz.

In einem großen Kraftwerke mit 500 t täglichen Verbrennungsrückständen wird die Hälfte der letzteren auf pneumatischem Wege beseitigt. Hierzu sind neun Wasserringpumpen, die mit 40 bis 50-pferdigen Motoren direkt gekuppelt sind, erforderlich. Zwölf als Cyklone ausgebildete Sammelbehälter scheiden die Asche aus. Die Menge der Rohrleitungen beträgt nach grober Schätzung 6000 m. Der Verschleiß der Anlage ist erheblich. Die Vakuumpumpen müssen nach sechsmonatiger Betriebszeit auseinander genommen und gereinigt werden. Die gußeisernen Schlackenleitungen werden zur Erzielung einer gleichmäßigen Abnutzung monatlich um $90°$ gedreht. Sie halten nur einige Monate, höchstens ein Jahr. Die Lebensdauer der Aschenleitungen ist erheblich größer. Die Abnutzung ist in den Krümmern natürlich besonders groß, die daher an der Außenseite mit Prall- oder Verstärkungsplatten versehen sind, die nach Bedarf ausgewechselt werden können. Um das etwaige Verstopfen der Förderschnecken durch Eisenteile, die aus der Grube stammen und auch mit der Schlacke befördert werden, zu verhüten, ist die Kupplung des die Schnecke antreibenden Motors mit einem Sicherheitsbolzen ausgerüstet, der bei einem bestimmten Widerstand in der Schnecke abgeschert wird und den Motor vor Durchbrennen schützt.

In einem Braunkohlen-Großkraftwerke Mitteldeutschlands mit 46 Kesseln von je 400 qm Heizfläche sind zur Bedienung und zur Instandhaltung ein Meister, zwei Vorarbeiter und 24 Arbeiter erforderlich. Die Entaschung erfolgt in zwei Schichten. Die monatlichen Betriebskosten stellen sich wie folgt:

Kapitaldienst (15%) . . . . M. 6750.—
Löhne für Bedienung einschl. Zuschlag „ 8000.—
Betriebsmaterial . . . . „ 300.—
Löhne für Reparatur einschl. Zuschlag „ 1000.—
Reparaturmaterial . . . . „ 1100.—
Hilfsenergien
    Strom 140000 kWh à 0,8 Pf. . . . „ 1120.—
    Wasser 40000 cbm (0,66 Pf./cbm) „ 265.—
    Äußere Aschenbeseitigung (Abfuhr) „ 6500.—
                                                M. 25035.—

Bei einem Aschenanfall von monatlich 8150 t betragen die Entaschungskosten je t 3.07 M. In dieser Aufstellung sind wie ersichtlich der Kapitaldienst, die Strom- und Wasserkosten weit niedriger eingesetzt als sonst üblich ist.

In einem Großkraftwerk des mitteldeutschen Braunkohlengebietes wurde die Asche aus den Sammelbehältern nicht fortlaufend ausgetragen, sondern in denselben gespeichert. Hierdurch wurde der Zellenrotor überflüssig. Nach drei- bis vierstündigem Aschenziehen waren die Sammelbehälter mit heißen, zum Teil glühenden Ascheteilen angefüllt. Das Ablöschen der Asche geschieht gleichfalls in der Förderschnecke. Es stellten sich aber erhebliche Schwierigkeiten ein. Eine Mischung der Asche mit dem Wasser war selbst bei größter Aufmerksamkeit (vermutlich wegen des Tongehalts in der Rohkohle) nicht zu erreichen. Infolgedessen entstanden beim Austritt der Asche ungeheure Staubwolken, die häufig den Aufenthalt an der Schnecke und damit die Regelung des Wasserzutritts unmöglich machten. Es kam auch vor, daß bei schlechtem Schluß der Abschlußorgane am Sammelbehälter die Asche wie ein Wasserstrom aus dem Sammelbehälter durch die Schnecke hindurch in den Schneckenraum eintrat. Die der Asche noch entströmenden, brennbaren Gase entzündeten sich hierbei. Die Bedienungsmannschaft konnte sich meist nur durch schleunigste Flucht vor ernsthafter Gefahr retten. Die dauernde Staubentwicklung im Schneckenraume griff die elektrischen Antriebsmotoren überaus stark an, so daß hier Reparaturen entstanden, deren Höhe in keinem Verhältnis zum Anlagewert stand. Da ferner die Schnecken häufig sich verstopften, so brannten die Motoren durch. Der Verschleiß der Schnecken war übermäßig groß. Die Arbeiter waren nur durch besondere Schmutzzulagen zu bewegen, die Entleerung der Sammelbehälter vorzunehmen. Da meistens die in die Eisenbahnwagen fallende Asche nicht genügend abgelöscht war, entstanden in den Straßen, die die Aschenzüge durchfuhren, starke Verschmutzung der anliegenden Betriebsgebäude und Betriebsstörungen an den teilweise sehr empfindlichen Maschinen. Ferner wurden die Vakuumpumpen durch den Staub stark verunreinigt und mußten schon nach drei- bis vierwöchiger Betriebszeit regelmäßig auseinander genommen und gereinigt werden. Die Pumpe verbrauchte bis zu 15 cbm Spülwasser stündlich; dabei enthielt das ausgestoßene

Spülwasser 10—15% Asche und verschmutzte die Kanäle und den Vorfluter in solchem Maße, daß seitens der Behörde ein Verbot ausgesprochen wurde. An den eigentlichen Saugleitungen und Förderleitungen der Asche hielten sich die Reparaturen in immerhin erträglicher Höhe. Es war jedoch notwendig, eine besondere Kolonne von Schlossern anzustellen, die die Dichtungen der Flanschen regelmäßig erneuerte, weil nur dadurch eine volle Leistungsfähigkeit der Saugpumpen erreicht werden konnte. An den Förderleitungen, die auch hier für Asche und Schlacke getrennt sind, wurden im Laufe der Zeit mannigfache Verbesserungen z. B. Vereinfachung der Leitungen, verbesserte Stopfbüchsen, bessere Aufhängung der Leitungen vorgenommen. Alle Versuche, durch besondere Gestaltung der Schnecken in Schnecken-

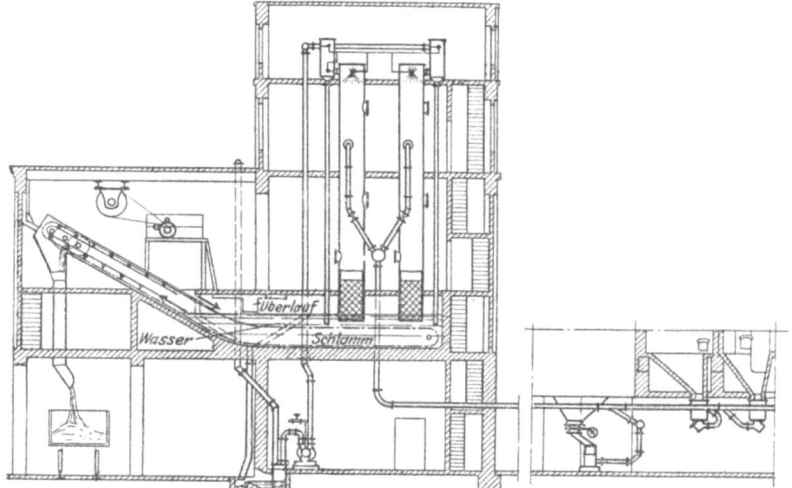

Abb. 7. Ausführung der pneumatischen Anlage mit Standrohr.

kästen oder auf andere Weise eine einwandfreie Mischung der Asche mit Wasser zu erzielen, blieben vergeblich. Die Anlagen arbeiteten so unsicher, daß es notwendig war, einen Handbetrieb vorzusehen.

Die Schwierigkeiten führten zu einer Reihe von umfangreichen Versuchen, die, weil sie lehrreich sind, hier erwähnt werden sollen:

Die Beseitigung der Staubentwicklung gelang vollkommen durch Austausch der Sammelbehälter gegen Standrohre, die in einer mit Wasser gefüllten Mulde stehen (Abb. 7). Die Standrohre haben 1 m Durchmesser und sind etwa 10 m hoch, während der aus Beton hergestellte Wassertrog 10 m lang und 1,5 m breit ist. Beim Ansaugen der Pumpe steigt entsprechend der Luftleere das Wasser in den Standrohren hoch und bildet den Abschluß gegen die äußere Luft. Die in den oberen Teil der Standrohre hineingesaugte Asche fällt in das untenstehende Wasser und sinkt vollständig abgelöscht auf den Trogboden. Über der Eintrittstelle der Asche in das Standrohr befinden sich kräftige Wasserdüsen, die das Niederschlagen der Asche beschleunigen. Ein Kratzband holt die im Trog gesammelte Asche heraus und füllt sie in die darunterstehenden Eisenbahnwagen. Es wurden zwei Bauten mit 24 Kesseln mit diesen Standrohren und Kratzbändern ausgerüstet. Der übrige Teil der Anlage, Luftpumpe und Saugleitungen, war genau von der gleichen Ausführung wie bei dem vorhin beschriebenen Verfahren. Auch hier schlug sich in den Luftpumpen noch Staub nieder und verunreinigte das in die Kanäle ablaufende Pumpenwasser, jedoch schon in viel geringerem Maße als beim früheren Verfahren. Außer diesem Nachteile war noch folgender, schwerwiegender Nachteil festzustellen: Die Kratzbänder schafften aus dem Troge nur einen verhältnismäßig kleinen Teil der Asche hinaus. Der Verschleiß der Kratzbänder war dabei außerordentlich hoch. Der übrige Teil der Asche lief als ganz leichter, fein verteilter Schlamm mit dem Überlaufwasser aus dem Troge ab. Ein Überlauf mußte angebracht werden, um die durch die Streudüsen hinzutretende Wassermenge abzuführen. Dadurch war wieder eine überaus starke Verschmutzung der Kanäle und des Vorfluters gegeben. Während also das Problem der Staubfreiheit auf diese Weise zu lösen war, bildete sich ein neues Problem: Verhinderung der Verschmutzung der Kanäle und des Vorfluters.

Zur Lösung dieses Problems wurde folgendes versucht: Die Abwässer der Anlage wurden in eine Grube geleitet, wo der Schlamm sich absetzen sollte, während man das Wasser wieder verwenden wollte. Der abgesetzte Schlamm sollte mit Pumpen beseitigt werden. Versuche mit Mammutpumpen, Druckfässern und Kolbenpumpen besonderer Konstruktion wurden durchgeführt, ohne jedoch zum Erfolge zu führen. Endlich wurde nach Besichtigung einer Spülbaggeranlage in Nordenham an der Weser die Konstruktion einer für die Förderung solchen Schlammes geeigneten Zentrifugalpumpe gefunden. Es werden dort mit Hilfe des bekannten Spülwasserverfahrens durch Zentrifugalpumpen sogar Kiesmassen vermischt mit Wasser gefördert. Zur Beherrschung des Verschleißes der Pumpen sind konstruktive Vorkehrungen getroffen. Statt nun die Abwässer der Anlage in einer Grube zu klären, führte das Kraftwerk es direkt mit Hilfe einer Rinne einer Zentrifugalpumpe obiger Konstruktion zu und drückte es durch eine Druckleitung nach der jenseits des Staatsbahngleises gelegenen Schutthalde.

Die Erfolge mit dem Fortpumpen der schlammhaltigen Überlaufwässer führten zu dem Versuch, den gesamten Inhalt der Standrohre fortzupumpen. Man ließ ihn daher unter Umgehung des Kratzbandes in die oben genannte Rinne laufen und führte die Abwasser und gelöschte Asche etwa im Verhältnis von Asche und Wasser wie 1 : 6 der Zentrifugalpumpe zu. In Abb. 8 ist eine Anlage dargestellt, bei der der Brei ohne Rinne direkt in die Pumpe fällt. Die Pumpe förderte den Aschenbrei anstandslos in die etwa 15 m höher liegende Druckleitung und von da zur Aschenhalde. Bei der Anlage der Druckleitung waren Erfahrungen der Spülversatzanlage in Oberschlesien maßgebend.

Zu achten ist bei derartigen Pumpenbetrieben nur darauf, daß der Aschenbrei nirgends Gelegenheit hat, zur Ruhe zu kommen. Ist dies der Fall, so scheidet sich die Asche aus dem Wasser sofort aus und es entstehen Verstopfungen. Ferner darf die Geschwindigkeit in der Leitung nicht unter 1,5 bis 2 m/sek betragen. Sehr große Geschwindigkeiten führen zu sehr raschem Verschleiß der Leitungen. Auch hier empfiehlt sich, die Leitungen an den Flanschen mit Zahlen zu versehen, entsprechend der Anzahl der Schrauben und in regelmäßigen Abständen die Leitung um einen Sektor zu drehen. Der

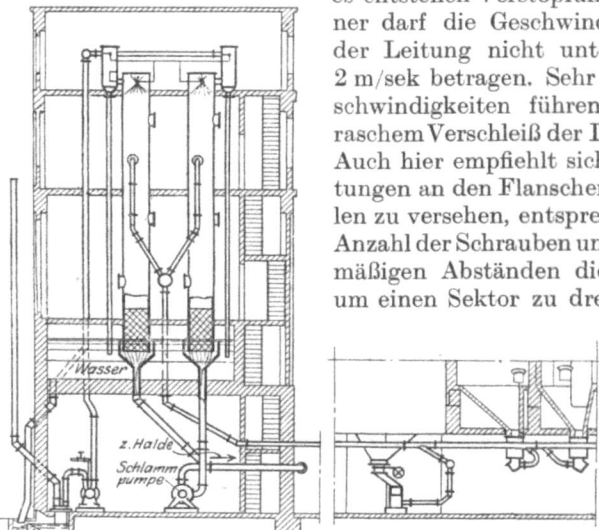

Abb. 8. Anlage ohne Kratzband.

Versuch war aus dem Grunde interessant, weil er Gelegenheit gab, die Fortleitung des Aschenbreies in Rinnen zu studieren. Dies war bei späteren Versuchen von großem Vorteil. Ferner führte das erfolgreiche Abpumpen der Abwässer mittels der Zentrifugalpumpe dazu, die Abwässer in den übrigen Pumpenanlagen ebenfalls abzusaugen und mittels der Pumpe zur Halde zu pumpen, so daß damit die Verschmutzung der Kanäle und des Vorfluters unterblieb. Auf diese Weise war nun also ein Verfahren gewonnen, welches staubfreien Aschentransport ermöglichte unter Benutzung pneumatischer Saugeranlagen und

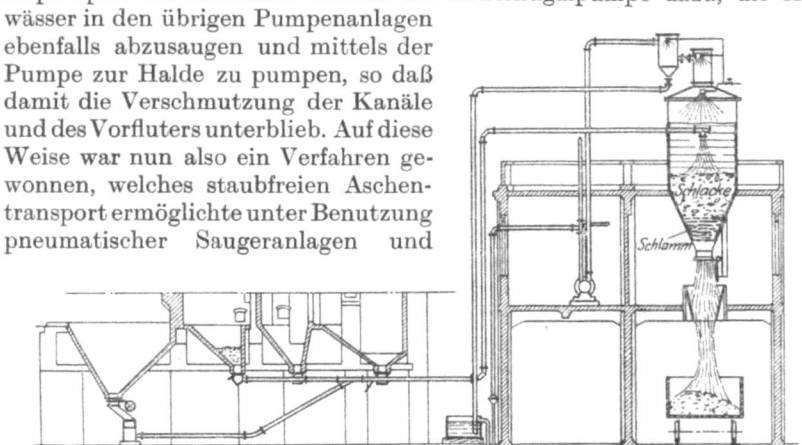

Abb. 9. Einfache Anlage ohne Kratzband usw.

Fortspülung der Asche mit Hilfe von Zentrifugalpumpen. Da jedoch das Verfahren zweifellos überaus teuer war, so mußten nun Versuche einsetzen, um die Betriebskosten zu erniedrigen. Es waren noch andere Verfahren auszuprobieren.

In die ursprünglichen Sammelbehälter wurden Düsen eingebaut und die Asche gleich im Sammelbehälter mit Wasser gemischt. Nachdem der Behälter gefüllt war, ließ man das Gemisch von Asche und Wasser nach Öffnen eines am Boden des Sammelbehälters befindlichen Schiebers direkt auf darunter stehende Wagen fallen. Das Verfahren ist in Abb. 9 dargestellt. Bei richtig bemessenem Wasserzusatz war das Verfahren staubfrei. Die Entleerungsschnecken mit ihrem Antriebe konnten beseitigt werden. Das Verfahren mußte unbedingt billiger sein als das zuletzt beschriebene und damit auch billiger als Standrohr-, Kratzband- und alter Schneckenbetrieb. Schwierigkeiten entstanden dadurch, daß der Entleerungsvorgang teilweise nur unter starkem Klopfen an die Behälterwand möglich war. Es entleerte sich dann durch die Entleerungsklappen von 400 mm l. W. hindurch der Behälter fast plötzlich. Gleichzeitig spritzte eine erhebliche Menge

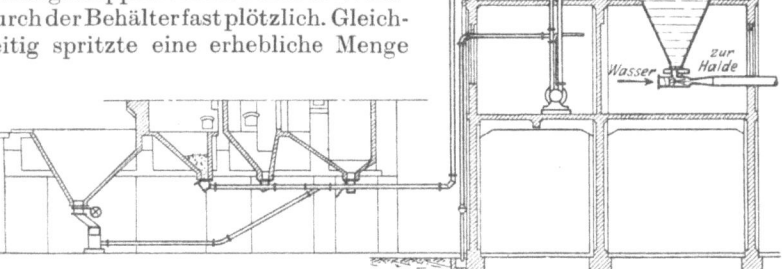

Abb. 10. Fortbewegung der Asche mit Wasser oder Luft.

des Aschenbreies aus den Waggons heraus und verschmutzte die Gleisanlage, wodurch wieder erhebliche Kosten entstanden. Da ferner die Mischung des Wassers mit der Asche nicht völlig gleichmäßig einzustellen war, so kam es auch vor, daß zuviel Wasser zugegeben wurde und der Brei zu dünnflüssig war. Dann lief der größte Teil aus den Fugen des Waggons heraus in die Kanäle oder aber es wurde zu wenig Wasser zugegeben, so daß eine ungeheure Staubentwicklung bei der Entleerung die Folge war.

Die Asche wurde im ursprünglichen Sammelbehälter mit größeren Wassermengen gemischt, so daß unbedingt ein dünnflüssiger Aschenbrei sich ergab. Statt diesen Aschenbrei nach unten in Wagen fallen zu lassen, schloß man an den unteren Teil des Sammelbehälters eine Rohrleitung an, welche zur Halde führte und drückte nunmehr mittels Druckluft, die in den oberen Teil des Sammelbehälters eingelassen wurde, den Aschenbrei zur Halde (Abb. 10). Das Verfahren arbeitete betriebssicher.

Da die ursprünglichen Sammelbehälter nicht für hohen Luftdruck konstruiert waren, so wurde versuchsweise auch der Aschenbrei mit Druckwasser hinaus auf die Halde gedrückt. Auch dieses Verfahren zeigte sich als durchführbar. Es ist natürlich ohne weiteres möglich, statt der langen Druckleitung eine kürzere Druckleitung zu verwenden, die in eine Rinne mündet.

In Schiffskesselanlagen wird die Asche mittels Strahlejektoren beseitigt. Es wurden daher Versuche mit Strahlapparaten in Angriff genommen. An den Sammelbehältern wurde unten ein Strahlapparat angeschlossen. Derselbe besteht im wesentlichen aus einer Düse, aus der das Wasser mit einer Geschwindigkeit von etwa 50 m in der Sekunde austritt. Der Wasserstrahl liegt offen und mündet in einen Diffusor. Der Strahl reißt die hinzutretende Asche mit sich. Ein Gegendruck bis zu 3 at ist zulässig. Der Wasserdruck vor der Düse beträgt 16 bis 18 at. Die Asche wird im Sammelbehälter trocken angesammelt und rutscht nach Öffnen eines passenden Schiebers langsam dem Strahlapparat zu (Abb. 11). Das Entleeren eines Sammelbehälters geht auf diese Weise staublos vonstatten

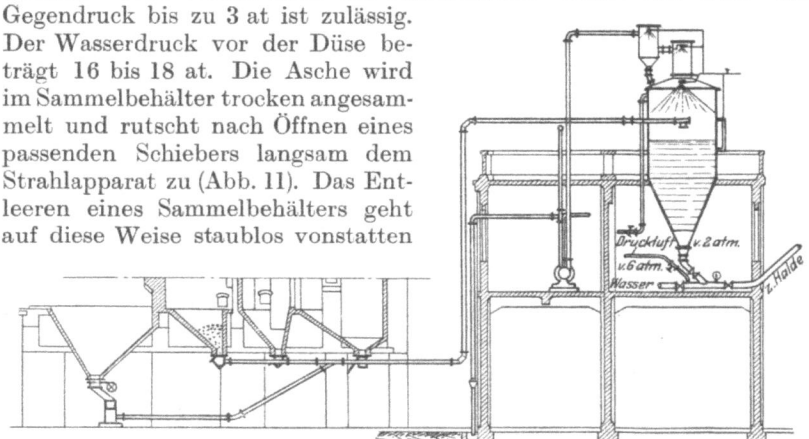

Abb. 11. Fortbewegung der Asche mit Einbau von Strahlapparaten.

und dauert nur wenige Minuten. Es wurde festgestellt, daß der Wasserverbrauch des Strahlapparates überraschend günstig war. Bei den meisten Versuchen wurde ein Gewichtsverhältnis von Asche zu Wasser größer als eins festgestellt. Damit war nur noch ein Schritt zu machen, um zur vollständigen Druckwasserentaschung zu kommen.

c) Nasse Entaschung.

Unter diese Art der Entaschungen fällt bereits ein Teil der oben beschriebenen Verfahren, nämlich die Entaschung mittels Kratzbändern, Becherwerken, Schnecken und nach dem Verfahren Schwabach. Es wurde jedoch für richtiger befunden, diese Verfahren unter den mechanischen aufzuführen, da bei ihnen das Mechanische das Hauptcharakteristikum bildet, während das Wasser nur den Abschluß gegen die Außenluft und damit gegen die Staubaufwirbelung bewirkt. Im folgenden sollen daher hauptsächlich solche Anlagen beschrieben werden, in denen das Wasser als Beförderungsmittel dient.

Spülrinne. Als Vorläufer der später zu beschreibenden rein hydraulischen Verfahren können die Spülverfahren gelten, bei denen die Asche und Schlacke entweder unmittelbar aus den Asche- und Schlacketrichtern durch Stutzen in Spülrinnen hineinfällt, die mit Gefälle verlegt sind, so daß die Aschen- und Schlackenmassen durch natürliche Strömung mit fortgerissen werden. Dabei können die Anschlußstutzen in das Wasser hineintauchen oder an der Oberkante der dicht abschließenden Spülrinnen einmünden. In beiden Fällen wird eine Staubaufwirbelung vermieden. Zwischen Aschentrichter und Spülrinne können Schieber verschiedener Bauart eingebaut werden oder auch andere Vorrichtungen, die den Abschluß der Aschetrichter gegen die Spülrinne bewirken.

Eine solche nach den Vorschlägen des Direktor Dr. Wellmann gebaute Vorrichtung befindet sich beispielsweise im Klingenberg-Werk Berlin (Abb. 12). Der Abschluß erfolgt durch zwei nach unten aufgehende Klappen, die durch einen Blechkasten gegen die Außenluft abgeschlossen sind und mittels Handrad und Schneckenübersetzung betätigt werden. Der Betrieb dieser Vorrichtung ergab Schwierigkeiten beim Auftreten größerer Schlackenstücke, welche die Spülrinne zusetzten. Es wurden daher probeweise Roste eingebaut, auf denen die Schlackenstücke zurückgehalten und von Hand entfernt werden konnten. Beim Entschlacken (täglich 2 × 20 Minuten) wurden erhebliche Staubmengen aufgewirbelt. Aus diesem Grunde wurden die Wandungen der Vorrichtung bis zur Rinne herunter verlängert und besondere Abzugsrohre zum Kamin angeordnet. Ferner soll die Abflußrinne so abgedeckt werden, daß das Austreten von Staub verhindert wird.

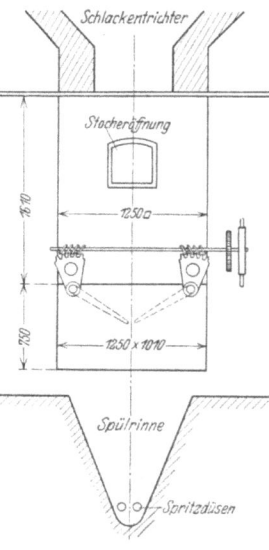

Abb. 12. Spülrinnensystem.

Die Spülentaschung erfordert in der Regel eine Verbindung mit mechanischen Verfahren, da die Asche und Schlacke in Klärteichen oder Behältern abgesetzt werden muß. Von da wird sie durch Becherwerke oder Greifer herausgehoben, oder nach längerem Absitzen und Abfluß des Wassers herausgeschaufelt.

System Rothstein, Leipzig. Rothstein schaltete zwischen Aschentrichter und Spülrinne einen besonderen Apparat, der gegenüber den bisherigen Verfahren manchen Vorteil hat (Abb. 13). Diese Vorrichtung besteht aus einem Becken, in das die Asche aus dem Aschetrichter hineinfällt. Das Becken ist so gestaltet, daß es sich unter der Einwirkung des natürlichen Böschungswinkels der Asche niemals ganz ausfüllen kann. Die Asche bildet einen Schüttkegel, der die Auslauföffnung des Sammelbeckens nach oben abschließt. Im oberen

Teile des Beckens mündet ein Wasserrohr, durch das ein kräftiger Wasserstrahl in das Becken eingeführt werden kann. Hierdurch wird unter gleichzeitiger Ablöschung der Asche und Bindung des Staubes die Asche und Schlacke zum gleichmäßigen Abfließen gebracht. Solange sich noch Asche und Schlacke im Aschentrichter befindet, rutscht sie nach unter ständiger Neubildung des Aschekegels. Bei dieser Arbeitsweise ist ein plötzliches Nachstürzen der Asche in die Abführungsrohre nicht zu befürchten. Das auf diese Weise mit Wasser innig gemischte Gut gelangt durch ein geschlossenes Fallrohr zunächst in den Wasserverschluß und aus diesem unter Vermittlung eines aus einer Düse ausströmenden Wasserstrahls in eine offene Spül- oder Flutrinne. Bei dieser Art der Aschebeseitigung ist also Wasser das einzige Transport- und Absperrmittel, während bewegliche Teile weder zur Öffnung oder Schließung der Trichterausläufe noch zur Regelung des Nachschubes erforderlich sind. Die Spülrinnen sind mit 3% Gefälle unter den Kesseln angeordnet. Sie führen das Spülgemisch von Wasser und Asche nach einer Hauptsammelrinne. Alle Rinnen erfahren in gewissen Abständen noch eine Rinnenspülung in der Fließrichtung, die es verhindert, daß sich Asche in den Spülrinnen ablagert. Aus der Hauptsammelrinne hebt eine Baggerpumpe das Gemisch in eine Leitung, von deren Scheitelpunkt es mit 1% Gefälle der Halde zufließt.

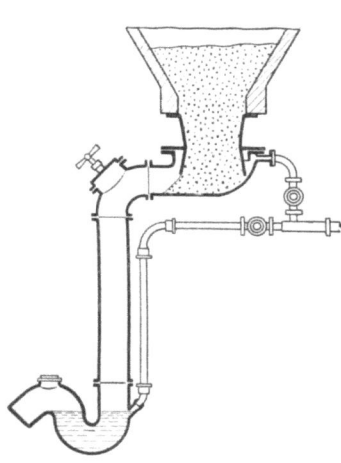

Abb. 13. System Rothstein.

Bei diesem Verfahren ist der Kessel in allen seinen Entaschungsöffnungen nach unten abgeschlossen. Falsche Luft kann nicht eindringen auch nicht während des Spülens. Der Bedienungsmann öffnet zunächst die Wasserhebel an einem oder höchstens zwei Wasserverschlüssen; wenn diese vollgelaufen sind, schaltet er das Spülwasser der Spülkästen dazu und braucht sich dann um ein Spülloch nicht mehr zu kümmern, bis das Wasser aus dem Wasserverschluß klar abläuft. Dann ist an dieser Stelle sämtliche Asche restlos entfernt.

In einer Anlage des mitteldeutschen Braunkohlengebietes mit 42 t Rostasche und 14 t Flugasche täglich ist das Verhältnis Aschenmenge zu Wasser 1:10. Das Wasser hat einen Überdruck von 1,5 at. In der Wassermenge ist das Rinnenwasser mit enthalten in einer Menge von 2 cbm/t. In dieser Anlage braucht mit Wasser nicht gespart zu werden, da es sich um Abfallwasser handelt. Bei 7 Wasserrohrkesseln von je 400 qm Heizfläche dauert die Entaschung 2 bis 2½ Stunden. Die Bedienung erfolgt durch einen einzigen Mann, der die übrigen 6 Stunden der Schicht noch zur Pflege der Anlage und zum Putzen im Kesselhaus verwenden wird. — Die Baggerpumpe, die ein Laufrad mit vier evolventenförmigen Schaufeln hat, unterlag einem erheblichen Verschleiß. Aus diesem Grunde wurde das Laufrad aus Manganstahl hergestellt und an den äußeren, dem Gehäuse zugewandten Seiten Hilfsschaufeln angebracht, die das Eindringen von Asche hinter das Laufrad verhinderten; außerdem wurde unterhalb dieser Schaufeln auf beiden Seiten noch Sperrwasser eingeleitet, das einen höheren Druck hat als das Wasser im Druckraum der Pumpe. Dadurch ist der Verschleiß zwischen Laufrad und Gehäusewand ganz verhindert und die Laufzeit eines Manganrades auf $^1/_2$ Jahr erhöht worden. Die Saug- und Druckstutzen der Pumpe haben auswechselbare Verschleißstücke, die wenig Kosten verursachen. Die Gesamtkosten der Anlage einschließlich Förderleitung (125 mm l. W. und 600 m Länge) stellen sich auf 64000 RM. Die Betriebskosten betragen 0,85 RM/t Asche gegenüber 2,5 RM/t bei der früheren Handentaschung. Die Anlage macht sich unter

Abb. 14. Strahlapparatsystem ohne Sammelbehälter.

Berücksichtigung aller Faktoren in 27 Monaten bezahlt. Das einwandfreie Arbeiten der Anlage wird lobend erwähnt. Der Aschekeller ist praktisch vollkommen staubfrei und kühl. Die Abnutzung ist gering. Der Spülkasten muß durch einen Verschluß zugänglich gemacht werden können, um Verstopfungen durch Hartwerden der Schlacke bei längerem Stillstand der Kessel beseitigen zu können. Größere Schlackenstücke werden schon vor dem Aschebecken auf abklappbaren Hilfsrosten zerschlagen. Zur Wasserrückgewinnung kann man Kiesfilter einbauen, die die Wiederbenutzung des Wassers gestatten.

Das überraschend günstige Ergebnis der oben bei den pneumatischen Entaschungen geschilderten Versuche eines Großkraftwerkes mit dem Strahlapparat S. 20 führte dazu, die Strahlapparate unmittelbar unter die Kesselbunker zu setzen (Abb. 14), um auf diese Weise die Verbrennungsrückstände von den Kesseln auf das Abraumgelände zu fördern. Zunächst wurde versucht, durch eine kurze Leitung den Aschenbrei in eine mit Gefälle verlegte Rinne zu fördern. Es zeigte sich jedoch, daß sich infolge der in der Rinne herrschenden geringen

Wassergeschwindigkeit die spezifisch schwereren Teile der Schlacke und Asche absetzten und nur unter Zusatz von größeren Spülwassermengen fortgeleitet werden konnten. Es wurde daher der Rinnenbetrieb aufgegeben und die Förderleitungen bis zur Halde verlängert. Die hohen Betriebskosten der pneumatischen Förderanlagen mit ihren bedeutenden Anlagekosten für Gebäude, Behälter, Wäschen, Vakuumpumpen mit den dazugehörigen Elektromotoren kommen in Fortfall. Die Kosten für Energie und Bedienung sind für die pneumatischen Anlagen doppelt so hoch wie für die Druckwasserentaschung.

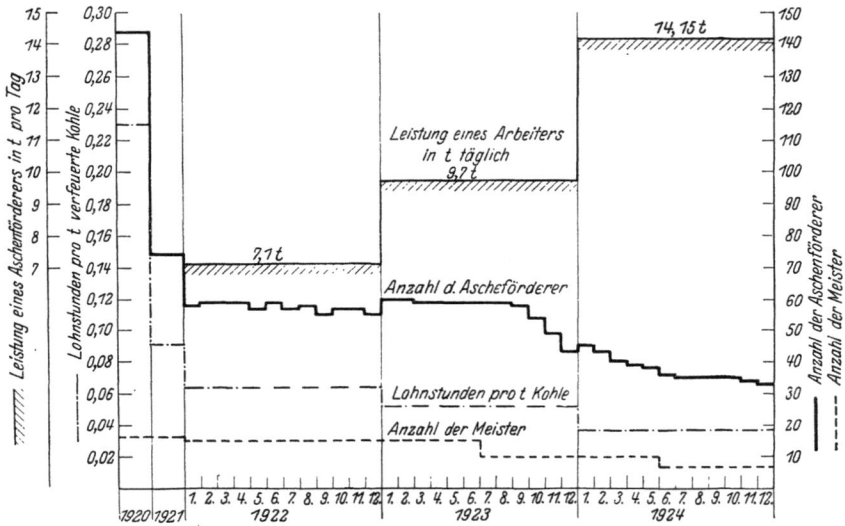

Abb. 15. Vorteile des Strahlapparatsystems.

Durch Einführung der Strahlapparate unter den Kesseln konnte ferner die Zahl der Aschenförderer wesentlich vermindert werden (Abb. 15). Bei Druckwasserentaschung ist es möglich, die Verbrennungsrückstände eines Kessels von 24 Stunden in 20 bis 30 Minuten zu beseitigen, während bei der pneumatischen Förderung für das Ziehen der Rückstände eines Kessels auf den Sammelbehälter etwa $1^1/_2$ Stunden erforderlich sind. Dazu kommt noch die Zeit für das Entleeren der Behälter und Wäschen, welche mit rund 20 Minuten je Kessel und Tag einzusetzen sind. Im wesentlichen besteht die Anlage aus:
    a) den Zentrifugalpumpen, angetrieben von Elektromotoren oder Dampfturbinen, mit Wassersaug- und Druckleitungen,
    b) den Ejektoren mit den schmiedeeisernen Ascheschurren,
    c) den Ascheförderleitungen ab Ejektor bis Absetzteich und falls nötig
    d) den Pumpen und Rohrleitungen für die Wasserhaltung des Absetzteiches.

Der Wasserdruck im Ejektor beträgt 18—25 at, der Düsendurchmesser ist etwa 17 mm, der Durchmesser der Aschenförderleitung beträgt 150 mm. Die Rostöffnung ist 60 mm. Wasserdruck, Düsendurchmesser usw. richten sich hauptsächlich nach der Förderlänge, Förderhöhe und Beschaffenheit der Asche. Sandhaltige Asche läßt sich schwerer transportieren, da sich der Sand auf langen Strecken ablagert. In diesem Falle machen sich kurze Spülungen notwendig. An den Strahlapparaten wurde eine Reihe von Verbesserungen gemacht, die eine wesentliche Verringerung des Wasserverbrauches bzw. eine Erhöhung der Förderleistung zur Folge hatten.

a) Beim Abdrücken der Schlacke mit Strahlapparat zeigte sich, daß die auf dem Rost im Schlackenaufnehmer anfallenden Schlackenstücke den Nachschub der übrigen Schlacke behinderten. Dadurch findet eine Unterbrechung der Schlackenförderung statt, solange bis die Schlackenstücke von dem Schlackenzieher zerkleinert sind und durch den Rost fallen. Angestellte Messungen ergaben den außerordentlich hohen Wasserverbrauch von 20 cbm Wasser für 1 t Schlacke. Außerdem hing der Wasserverbrauch stark von der Beschaffenheit der Schlacke sowie von

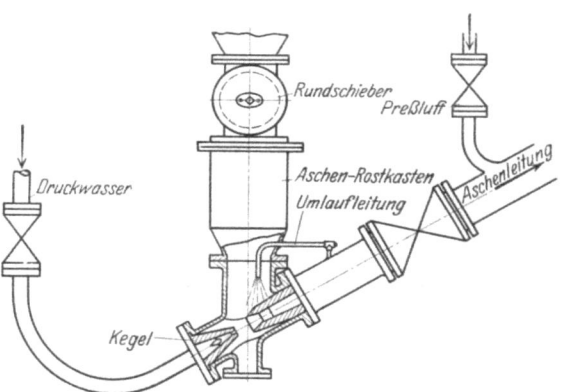

Abb. 16. Verbessertes Strahlapparatsystem.

dem Fleiß und der Geschicklichkeit des betreffenden Arbeiters ab. Um den Wasserverbrauch zu verringern, wurden Roste in die Schlackenbunker unterhalb der Planroste eingebaut. Auf diesen wird die Schlacke durch den Heizer mit einem Stampfer zerstoßen. Meistens wird der Durchfall der Schlackenstücke schon durch ein einmaliges Vorziehen derselben mit einer Kratze bewirkt. Nach Einbau der Roste wurde durch Messungen eine Ersparnis an Druckwasser und Abdrückzeit von etwa 60 bis 70% festgestellt, so daß jetzt für 1 t Schlacke nur noch 6 bis 7 cbm Wasser verbraucht werden. Die Schlackenroste haben in bezug auf den Wasserverbrauch große Vorteile gebracht und gleichzeitig ein nahezu staubfreies Abdrücken der Schlacke ermöglicht, so daß die Schmutzzulagen für die Arbeiter in Fortfall kommen können.

b) **Einbau von kegelförmigen Einsätzen in die Düsen der Aschenstrahlapparate.**

Der Einbau von kegelförmigen Einsätzen in die Düsen der Strahlapparate ergab eine Steigerung der Förderleistung bzw. eine Ersparnis an Druckwasser von etwa 20% (Abb. 16).

c) **Einbau von Umlaufrohren in die Strahlapparate für Asche.**

Bei einem Gegendruck von über 2,5 kg/cm² läßt sich die Förderleistung der Strahlapparate für Asche wesentlich verbessern, wenn der Zulauf im Kreuzstück oberhalb des Diffusors von feuchter Asche freigehalten wird. Dies wird in einfacher Weise durch ein 1″ starkes Umlaufrohr erreicht, durch welches ein Teil des Schlammwassers aus der Schlammwasserleitung in das Kreuzstück zurückfließt und die sich dort ansetzende Asche fortspült. Dadurch bleibt der Zulauf für Asche frei und der Strahlapparat kann dauernd die maximale Aschenmenge fördern (Abb. 16). Messungen ergaben, daß durch Einbau von Umlaufrohren eine Verringerung des Wasserverbrauches sowie eine Verkürzung der Abdrückzeit bis zu 40% bei einer entsprechenden Steigerung der Förderleistung für das Abdrücken der Asche erreicht wurde.

d) Eine weitere Wasserersparnis wurde dadurch erreicht, daß hauptsächlich die Schlacke nicht regelmäßig alle 24 Stunden sondern nur nach Bedarf abgedrückt wurde. Bei normalem Schlackenanfall kann in fast allen Kesselhäusern die Schlacke 48 Stunden im Bunker liegen bleiben. Da das An- und Abstellen der Strahlapparate mit Wasserverlusten (Leerlauf) verbunden ist, wurden naturgemäß die Verluste durch diese Maßnahme wesentlich vermindert.

Durch diese Verbesserungen war es möglich, den Wasserverbrauch für die Druckwasserentaschung im Laufe der Zeit ganz wesentlich zu verringern. So ging der Wasserverbrauch für 1 t Verbrennungsrückstände bei der reinen Druckwasserentaschung von drei Kesselhäusern von 8,96 cbm im Jahre 1922 auf 6,36 cbm im Jahre 1923 und auf 4,16 cbm im Jahre 1924 zurück. Mithin beträgt die Abnahme des Wasserverbrauches für die Druckwasserentaschung 1924 gegen 1922: 53,6%.

Um ein Einfrieren des Gemisches in den aufsteigenden Teilen der Leitungen zu verhindern, ist eine Einrichtung getroffen, die es bei Frostgefahr ermöglicht, das Gemisch beim Abstellen des Leitungsteiles durch Druckluft fortzuspülen, so daß die Leitung frei von Wasser ist. Die gesamten Verbrennungsrückstände werden durch vier Leitungen, davon zwei von 300 mm und zwei von 175 mm Durchmesser, auf das Abraumgelände gefördert. Der Aschenschlamm setzt sich in den Becken ab und dient dazu, den Raum zwischen den Dämmen auszufüllen. Das Wasser versickert, zum Teil wird es abgehebert. Durch das Anwachsen der Dämme werden die durch die Strahlapparate zu überwindenden Druckhöhen im Laufe der Zeit immer ungünstiger. Die Folge davon ist, daß der Wasserverbrauch sowie die Förderzeiten für 1 t Rückstände infolge des höher werdenden Gegendruckes größer werden. Versuche, die Abhängigkeit des Wasserverbrauchs für 1 t Asche vom Gegendruck zu ermitteln, ergaben, daß z. B. bei einer Erhöhung des Gegendruckes von 0,9 auf 1,9 kg/cm² bzw. von 1,6 auf 2,3 kg/cm² der Wasserverbrauch für 1 t um 30% stieg. Die Förderkosten werden also dementsprechend höher. Es sei bemerkt, daß in einem Kesselhause ein Gegendruck von 3,2—3,5 at zu überwinden ist. Die Förderhöhen betragen 7,5 und

10 m, wobei unter Förderhöhe der absolute Höhenunterschied zwischen Strahlapparat und Auslauf der Schlammleitung zu verstehen ist. Die größte Förderlänge beträgt z. Zt. 1500 m, die Gesamtlänge der Schlammleitungen 4100 m. Der Gegendruck in der Aschenschlammleitung setzt sich aus der zu überwindenden Förderhöhe und dem Reibungswiderstand in der Leitung zusammen. Messungen an einer Aschenschlammleitung 1500 mm l. W. (Anschlußleitung an eine Hauptleitung) ergaben auf 100 m Länge bei einer Geschwindigkeit von 1,5 m/sek einen Druckverlust von 0,5 at für Aschenschlamm. Wie aus Abb. 17 zu ersehen ist, ist deshalb auch auf eine gute Flanschenverbindung Wert zu legen.

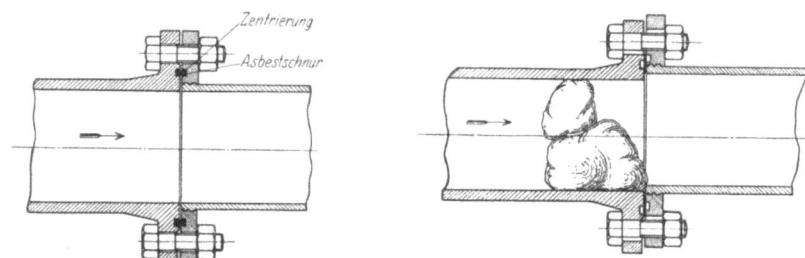

Abb. 17. Einfluß der Flanschverbindung.

Nach den Aufzeichnungen der Betriebsleitung aus dem Jahr 1924, in dem die Entaschung zum Teil noch pneumatisch erfolgte, kommt man zu dem Schluß, daß durch die Einführung der rein hydraulischen Entaschungsanlagen mit den betrieblichen Verbesserungen die Kosten für Bedienung und Energiebedarf sich ganz wesentlich verringert haben. In nachstehender Tabelle sind für die einzelnen Jahre unter Zugrundelegung der Energiepreise und Stundenlohnsätze vom Monat September 1924 die Unkosten für Energie und Bedienung zusammengestellt und zwar für 1 t Rückstände sowie für eine jährliche Menge von 180 000 t

	1922 je Tonne RM.	1923 je Tonne RM.	1924 je Tonne RM.	Bei rein hydraulischen Anlagen je Tonne RM.
Meister	0,177	0,143	0,140	0,080
Löhne	0,580	0,475	0,324	0,160
Elektrischer Strom .	0,560	0,387	0,210	—
Dampf	0,073	0,068	0,065	0,060
Wasser	0,193	0,180	0,173	0,159
Druckluft	0,115	0,108	0,111	0,111
für 1 t Rückstände .	1,698	1,361	1,023	0,570
für 180 000 t Rückstände	306 000	245 000	184 300	102 600

(Menge von 1924). Die letzte Spalte enthält die Kosten für Energie und Bedienung, die entstehen würden, wenn die noch in Betrieb befindlichen pneumatischen Förderanlagen in Fortfall kommen und sämtliche Kessel rein hydraulisch entascht würden.

Die Zusammenstellung ergibt, daß die rein hydraulischen Entaschungsanlagen in bezug auf Energie- und Bedienungskosten wesentlich günstiger als die Vergleichsanlagen arbeiten. Für die Unterhaltung der rein hydraulischen Anlagen würden voraussichtlich ein Meister mit vier Schlossern benötigt werden, während für die laufenden Reparaturen der jetzigen Anlagen mindestens ein Meister und sieben Schlosser erforderlich sind. Die Unterhaltungskosten der rein hydraulischen Anlagen werden also geringer sein. In der nebenstehenden Tabelle 1 sind die verschiedenen

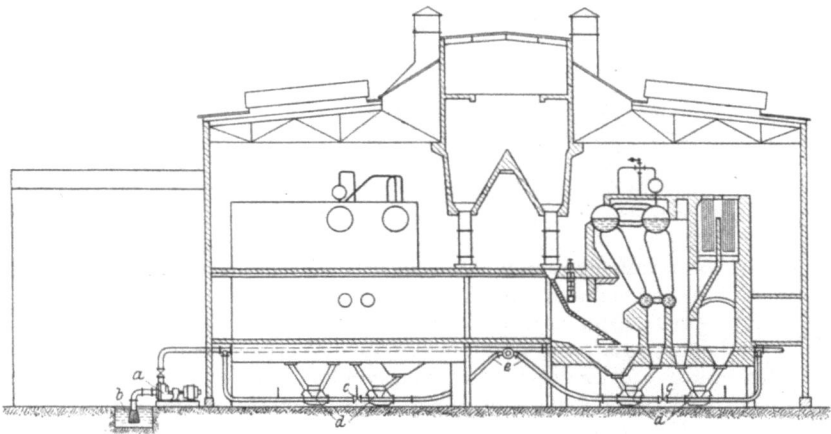

Abb. 18. Druckwasserentaschung eines Kraftwerkes.
a = Druckwasserpumpe. b = Spülwasserkanal. c = Absperrhahn. d = Ejektoren.
e = Ascheförderleitung.

in diesem Kraftwerke durchprobten Verfahren der Aschenbeseitigung nebeneinandergestellt und darunter die Betriebskosten angegeben. Die Kosten sind auch an den älteren Anlagen alle auf die heutigen Löhne und Verhältnisse reduziert. Insbesondere sind auch für die pneumatische Anlage die heute gültigen Preise zur Bestimmung der Abschreibungskosten eingesetzt worden. Die Betriebsleitung glaubt nach den bisherigen Versuchen an die Wahrscheinlichkeit, daß es billiger sein wird, die alten und verhältnismäßig billigen Anlagen zu beseitigen und überall die Entaschung mittels Strahlapparat einzuführen. Die Ersparnisse eines einzigen Jahres sollen hinreichen, die Anlagekosten der alten Anlage abzuschreiben.

Ein Kraftwerk, das bis zum Jahr 1924 mit Handentaschung betrieben wurde, ging damals sofort zur Druckwasserentaschung über, die von der Firma E. O. Dietrich, Rohrleitungsbau A.-G., Bitterfeld erbaut ist. Diese Anlage ist in ähnlicher Weise eingerichtet wie die zuletzt be-

Tabelle 1[1].

	Pneumatische Förderung Aschenbunker Aschen- und Schlacken-Leitungen							Förderung mit Wasser Aschenbunker		Handbetrieb Aschenbunker
	Sammelbehälter				Standrohre			Strahlapparate		
	1	2	3	4	5	6	7	8	9	10
Entleerung	mit Mischschnecke	freier Fall	mit Druckluft	mit Druckwasser	angesaugt von Strahlapparat	Kratzband u. Überlauf	abgesaugt durch Pumpe			von Hand in Wagen
Fördermittel	in Wagen Gleis Lokomotive	in Wagen Gleis Lokomotive	Druckleitung auf Halde	Druckleitung und Rinne	Druckleitung	Druckleitung und Rinne	in Wagen Gleis Lokomotive Kandel oder Rinne	Druckleitung	Druckleitung	Druckleitung und Rinne	mit Aufzug abgekippt in Eisenbahnwagen Gleis Lokomotive
Bedienung Löhne, Gehälter	33.00	17.00	16.00	—	15.00	18.00	14.00	4.00		17.00
Energie	21,6KW/Std. 11.00	20.0 10.00	12.5 9.40	—	21.6 11.00	23.6 12.00	23.6 12.00	10.0 5.00		1.1 0.75
Reparatur	8.50	5.00	3.00	—	4.00	8.00	3.50	3.00		3.0
Wasser	8,6 m³ 2.75	5.6 1.80	7.5 2.40	—	4.7 1.50	11.6 3.70	7.8 2.50	1.6 0.50		5.6 1.80
Gesamt	55.25	33.80	30.80	—	31.50	41.70	32.00	12.50		22.55
Amortisation	16.50	15.80	8.60	—	9.60	16.50	8.60	2.50		8.50
Gesamt	71.75	49.60	39.40	—	40.50	58.20	40.60	15.00		31.05

[1] Die den Betriebskosten zugrunde gelegte Einheit ist hier ohne Bedeutung.

schriebene Druckwasserentaschung. Ihre wesentlichen Teile sind aus der Zeichnung Abb. 18 zu ersehen. Die Asche wird vom Kessel ohne Umladung direkt zum Tagebau gespült. Im Tagebau wird lediglich das geklärte Wasser fortgepumpt. Die längste Förderleitung ist 1000 m, die größte Förderhöhe am Kesselhaus 9,5 m. Von hieraus sind die Rohrleitungen im gleichmäßigen Gefälle von 9 mm je Meter zur Grube verlegt. Die Flugasche und Rostasche rutscht dem Ejektor in schmiedeeisernen Rinnen zu, die mindestens eine Neigung von 36° haben müssen. Bei den Rostaschetrichtern ist in die Rinne eine von Hand betätigte gußeiserne Klappe eingebaut, mit der die Beschüttung des Rostes über den Ejektoren besser reguliert werden kann. Der Rost hat sich für die Zerkleinerung der Rostasche als praktisch erwiesen. Auch die in großen Mengen mit der Kohle ankommenden Eisenteile, wie Schienennägel, Laschenschrauben, Kettenglieder usw. werden vom Rost z. T. zurückgehalten. Alle ansteigenden Leitungen müssen einen allmählichen Übergang haben, um Ablagerungen zu vermeiden. Die Ejektoren sind eine Spezial-Konstruktion der Firma Schichau, haben eine Bronzedüse von 17 mm Durchmesser und oben einen Klappenabschluß. Die Rostaschenejektoren sind mit Stahlgußrost ausgerüstet. Die Flugaschentrichter haben in vier Kesselhäusern als Abschluß die Flachschieber von Pawlowski beibehalten, im fünften Kesselhause Rundschieber von Heinze u. Sohn, Görlitz erhalten. Der Rostaschentrichter hat eine in der Rinne eingebaute, gußeiserne Klappe. An den Rinnen sind Stocheröffnungen angebracht, um etwa im Trichter verbliebene Asche abstoßen zu können. Unter jedem Kessel stehen paarweise vier Ejektoren. Jedes Kesselhaus hat eine besondere Aschenförderleitung zum Absetzteiche. Die Leitungen ruhen auf Rollen und sind innerhalb des Grundstücks auf Masten, außerhalb desselben auf Pfeilern verlegt. Für die Bedienung der Ascheejektoren sind zwei Mann je Kesselhaus notwendig, die in achtstündiger Schicht arbeiten. Die Leute gehen von einem Kessel zum andern. Zuerst wird der Hahn der Wasserleitung geöffnet, dann die Klappe des Ejektors. Jetzt wird die Asche eingelassen. Ist der Aschentrichter leer, wird die Klappe geschlossen, der Hahn des nächsten Ejektors geöffnet und der nächste Trichter entascht. Die Entaschung arbeitet ohne bemerkenswerte Staubentwicklung. Die starke Verstaubung der Heizerräume, wie sie bei der Handentaschung üblich war, findet jetzt nicht mehr statt. Der Versuch, mit zwei Ejektoren in einem Kesselhause zu entaschen, konnte nicht befriedigen. Es arbeitet also in jedem Kesselhause nur ein Ejektor. Jede Düse verbraucht etwa 50 m³ je Stunde, das ergibt einen täglichen Wasserverbrauch von $50 \cdot 6 \cdot 24 =$ rd. 7200 m³. Die je Tag anfallende Aschenmenge beträgt 120 t oder 255 m³ Rostasche und 250 t oder 690 m³ Flugasche. Der Gesamtpersonalbedarf für die Druckwasserentaschung beträgt etwa 50 Mann. Es wird bei der Druckwasserentaschung die Hälfte an Bedienungspersonal erspart. Die Betriebskosten je t geförderte Asche sind bei den z. Zt. bestehenden Löhnen etwa um die Hälfte gesunken. Der Verschleiß, der hauptsächlich bei den Rohrleitungen in Frage kommt, ist gering. Die Rohrleitungen können mehrmals gedreht werden, so daß sie eine sehr lange Lebensdauer erreichen können. Die übrigen Teile der Entaschungsanlage unterliegen dem sonst üblichen Verschleiß. Bei der bald dreijährigen Betriebszeit der Druckwasser-Entaschungsanlage sind ausgesprochene Störungen nicht vorgekommen. Die Anlage arbeitete bisher einwandfrei. Verstopfungen der Rohrleitungen finden selten statt und werden innerhalb kurzer Zeit beseitigt. In den das Kesselhaus verlassenden, ansteigenden Leitungen sind Klappen eingebaut, die eine regelmäßige Kontrolle der Rohrleitung und eine Entfernung der sich hier meist ablagernden Eisenteile gestattet. Ein Einfrieren der Rohrleitungen ist unmöglich, da die Temperaturen des Wasser- und Aschegemisches stets über dem Gefrierpunkte liegen. Bei Außerbetriebsetzung einer Leitung muß im Winter eine Entwässerung stattfinden.

Neuerdings haben auch kleinere Betriebe so z. B. eine Zuckerfabrik eine Druckwasserentaschung von der Firma E. O. Dietrich, Rohrleitungsbau A.-G. in Bitterfeld angelegt. Die Kesselanlage besteht nur aus zwei Kesseln von je 300 qm Heizfläche und mechanischer Treppenrostfeuerung. Alle acht Stunden wird ein Arbeiter 20—25 Minuten für die vollständige Entschlackung und Entaschung der Kesselanlage benötigt. Die Entaschungsanlage hat etwa 2500 RM. im Innern des Kesselhauses gekostet. Für etwa 150 m Rohrleitung außerhalb des Kesselhauses sind von dem Werke selbst alte Rohre verwendet worden, die vielleicht mit 900 RM. im neuen Zustande einzusetzen sind. Hinzu kommt noch die Montage von etwa 600—700 RM. Die Anlage arbeitet zur Zufriedenheit aller Beteiligten.

Bei allen diesen Vorteilen der hydraulischen Entaschung muß jedoch auf einen Nachteil hingewiesen werden, der diese Art der Aschenbeseitigung unter Umständen unwirtschaftlicher und teurer werden läßt als die pneumatische Aschenförderung. Wegen der außerordentlichen Wichtigkeit dieses Umstandes für die Frage der Aschenbeseitigung gehe ich hierauf etwas näher ein.

Eine im Rh. Braunkohlenbezirk betriebene, hydraulische Aschenbeseitigung wurde vor mehreren Jahren in Betrieb genommen. Nach etwa $^3/_4$ Jahren blieb in der Wasserhaltung der Grube eine Pumpe stehen, welche einen Teil des in der Grube zusammenlaufenden Tages- und Sickerwassers zusammen mit den vorher geklärten Abwässern der Brikettfabriken und des Kraftwerkes den Brikettfabriken zupumpte. Bereits mehrere Tage vorher war aufgefallen, daß der Stromverbrauch immer mehr sank, was auf eine Minderförderleistung schließen ließ. Beim Auseinandernehmen der Pumpe stellte sich heraus, daß das Innere der Pumpe und die Stutzen beinahe vollkommen mit einem festen Steinansatze behaftet waren. Mehrere Tage nach diesem Vorfall kamen Meldungen von zugesetzten Rohrleitungen, Ventilen und anderen Pumpen. Nur der Umstand, daß das Kraftwerk sofort mit dem aus einem Wasserwerke entnommenen Wasser aushelfen konnte, verhinderte eine Stillegung der Brikettfabriken. Die Reinigung der Pumpen und Leitungen dauerte monatelang und verursachte große Kosten.

Die chemische Untersuchung des Steinansatzes ergab einen Gehalt von etwa 95% Kalziumkarbonat, der Rest bestand aus Kohle, Ton, Magnesia, Eisen und Kieselsäure. Ein gleicher, gelblicher Ansatz hatte sich in dem Pumpensumpf sowie in dem Wasserzuführungskanal gebildet.

Das Wasser, das noch ein Jahr vorher eine Gesamthärte von nur 8—10 deutsche Härtegrade hatte, besaß eine Ätzkalkhärte bis zu 28 deutschen Graden und eine Mineralsäurehärte von 20—30 deutschen Graden. Zu bemerken ist, daß zwei Monate vorher das Wasser bereits eine Gesamthärte von 25—26 deutschen Graden hatte. Einem allmählichen Ansteigen der Mineralsäurehärte stand ein Abnehmen der Karbonathärte gegenüber. Die gelösten Anteile im Grubenwasser und sein Gipsgehalt stiegen mehr und mehr, während der Gehalt an Kohlensäure sank. Wenn alle diese Umstände nicht unbeachtet geblieben wären, hätte das Eintreten der Verstopfungen nicht so überraschen können. Der Gedanke hätte doch nahe liegen müssen, daß die neu eingerichtete Aschenspülung für die Veränderung der Wasserbeschaffenheit verantwortlich zu machen wäre, da die Asche zu 50% aus Ätzkalk bestand.

Abb. 19. Rohrverkrustung.

Mit den Fabrikabwässern und dem Aschenspülwasser fließen in das Klärbecken der Grube andere Grubenwässer, deren Kohlensäuregehalt von dem gelösten Ätzkalk des Aschenspülwassers zu Kalziumkarbonat gebunden wird, das sich in den Klärbecken niederschlagen kann. Solange ein Überschuß von Kohlensäure vorhanden ist, wird also der Ätzkalk restlos niedergeschlagen werden können. Da aber der Gehalt an Ätzkalk infolge der großen, verspülten Aschenmengen (damals etwa 350 t täglich) schließlich überwiegt, muß das Wasser alkalische Reaktion annehmen. Da ferner auf dem Wege vom Klärbecken zur Pumpstation insbesondere kurz vorher neuer Zufluß von kohlensäurehaltigen Grubenwässern stattfindet, und schließlich auf dem langen Wege der Kohlensäuregehalt der Luft gleichfalls einwirken kann, vermag sich hierdurch wiederum Kalk auszuscheiden. Darauf beruht der gelbe Belag in dem Zuführungskanal und dem Pumpensumpf. Eine restlose Neutralisation ist indes nicht mehr möglich, so daß die weitere Ausscheidung erst in den Pumpen und Rohrleitungen, begünstigt durch die heftige Wasserbewegung, erfolgt. Bis heute ist es nicht gelungen, eine Besserung zu schaffen. Die Folge ist, daß etwa alle sechs Wochen die inkrustierten Pumpen geöffnet und gereinigt werden müssen. In etwa 3—4 Monaten sind die Rohrleitungen mit einem Durchmesser von 250 mm soweit verstopft, daß sie sämtlich ausgewechselt werden müssen. Bei kleineren Querschnitten ist dieses bereits früher erforderlich. So war z. B. ein

Rohr von 75 mm innerem Durchmesser auf 20 mm lichten Durchmesser verkrustet (Abb. 19).

Als Kesselspeisewasser ist dieses Wasser natürlich völlig ungeeignet, so daß das Kraftwerk den Brikettfabriken das Wasser liefern muß.

Alle diese nachteiligen Wirkungen der hydraulischen Aschenbeseitigung verursachen, solange keine wirksame Abhilfe geschaffen ist, große Betriebsunkosten, die die sonst so einfache und billige Aschenförderung unwirtschaftlich machen können.

Neuerdings ist beabsichtigt, die Reinigung der gesamten Pumpenanlage derart vorzunehmen, daß man verdünnte Salzsäure durch das ganze System pumpt, ein sicherlich auch nicht billiges Verfahren. Ferner soll durch einen ständigen Zusatz von Salzsäure die Steinbildung verhindert werden. Ob jedoch dieser Zusatz im Dauerbetriebe nicht unerwünschte Erscheinungen hervorrufen wird, weil die Löslichkeitsprodukte in dem Wasser ständig vermehrt werden und die Zersetzung der Sulfide begünstigt wird, bleibt abzuwarten. Die weiteren Bemühungen haben zu einer Beseitigung der vorerwähnten Mißstände geführt.

7. Rheinisches Braunkohlengebiet[1].

Das Rheinische Braunkohlengebiet liegt etwa zwischen den Städten Bonn und Grevenbroich auf den Höhenzügen der Ville. Diese bestehen aus tertiären von diluvialen Kiesen bedeckten Schichten, in denen das 20—100 m mächtige Braunkohlenflöz eingelagert ist. Lange Zeit sind diese wertvollen Schätze unbenutzt geblieben, so daß die Gegend noch vor 30 Jahren einen rein landwirtschaftlichen Charakter trug. Zwar wurde die Braunkohle schon seit langer Zeit zum Heizen benutzt, indem man im kleinen Naßpreßsteine herstellte, sogenannte Klüten. An einzelnen Stellen, wo die Kohle zutage trat, baute der Grundeigentümer diese ab. Später trieb man kleine Schächte herunter und gewann in unterirdischem Betriebe die Kohle durch sogenannten Tunnelbau. Im Jahre 1864 wurden etwa 400 000 t Braunkohle gefördert in etwa 13 Werken mit zusammen 156 Arbeitern. Mit der Verbesserung des Eisenbahnverkehrs und der dadurch bewirkten Heranführung von Steinkohle wurde der Betrieb immer unrentabler. 1880 war die Förderung auf 127 000 t zurückgegangen.

Erst zu Anfang der 90er Jahre des vorigen Jahrhunderts konnte die Braunkohle mit der Steinkohle durch die Herstellung von Briketts in erfolgreichen Wettbewerb treten. Zugleich begann ein planmäßiger Abbau in großen Tagebaubetrieben. Im Jahre 1893 betrug die Brikettproduktion 250 000 t und wuchs auf 1 275 000 t im Jahre 1900 an. Im Jahre 1914 hatte diese Produktion schon sich vervierfacht und betrug 4 850 000 t. Sie erreichte im Jahre 1925 die Höhe von rund 9 000 000 t.

---

[1] Anmerkung: Die Abschnitte 7 u. 8 bringen in Ergänzung zu Abschnitt 2 bis 6 Einzelheiten aus dem rheinischen und dem mitteldeutschen Braunkohlengebiet.

Der Fortschritt der Feuerungstechnik machte es möglich, auch Rohbraunkohle unmittelbar zu Heizungszwecken nutzbringend zu verwerten. Besonders in den Jahren des letzten Krieges hat die Verwendung von Rohbraunkohle als Kesselkohle eine ungeheure Steigerung erfahren. Von 34000 t im Jahre 1893, 607000 t im Jahre 1910 und 1750000 t im Jahre 1914 stieg der Absatz im Jahre 1925 auf 9500000 t.

Die Rohbraunkohle als solche mit ihrem hohen Wassergehalt verträgt keine hohen Frachtkosten. Die Industrie, die diesen sonst billigen Brennstoff verwerten will, muß zur Braunkohle wandern. Es entstanden daher, so besonders zur Zeit des Krieges, im Braunkohlenrevier große industrielle Werke zur Erzeugung von elektrischer Energie und zur Herstellung von chemischen Produkten.

Inzwischen hatten sich auch die Brikettwerke vergrößert und vermehrt, die selbst starke Verbraucher von Rohbraunkohle sind, so daß in rund 30 Brikettfabriken im Jahre 1925 über 10000000 t Braunkohle in den Kesselhäusern verfeuert wurden.

In zwei großen elektrischen Kraftwerken mit einer installierten Leistung von 410000 kW werden jährlich etwa 5000000 t, in den Werken der chemischen Großindustrie etwa 1,5 Millionen t verbrannt. Das entspricht einem Gesamtkohlenverbrauch von etwa 16,5 Millionen t im Jahre oder über 50000 t täglich im gesamten Braunkohlenrevier.

Von dieser Gesamtmenge entfällt auf die in dem verhältnismäßig kleinen Raum zwischen den Ortschaften Knapsack und Berrenrath zusammenliegenden Werken der chemischen und elektrischen Industrie etwa die Hälfte, nämlich 22000 t täglich.

Die Beseitigung der bei der Verbrennung in den großen Kesselanlagen entfallenden Asche ist sowohl in volks- und betriebswirtschaftlicher Hinsicht als auch mit Rücksicht auf den Arbeiter- und Nachbarschutz von großer Bedeutung und stellt die Technik vor schwer lösbare Aufgaben.

Die Beseitigung der Asche von Hand findet sich im rheinischen Braunkohlenrevier immer noch in nicht ganz geringem Umfange, und zwar nicht nur in den Kesselhäusern mit Zweiflammrohrkesseln vor, sondern auch in den modernen Kesselhäusern mit großen Kesseleinheiten, wie das nachstehend angegebene Beispiel zeigt.

In dem Kesselhaus einer der ältesten Brikettfabriken mit etwa 15 Zweiflammrohrkesseln geht die Entaschung auf folgende Weise vor sich. Es ist die unter den Rosten anfallende Asche und Schlacke **dreimal täglich** nach der Rostarbeit zu beseitigen. Die noch **glühende und nachvergasende Asche** wird zunächst mittels **Kratzen und Schaufeln** aus den unter dem Rost liegenden Aschenräumen in den vor den Feuerungen liegenden Gang des Kesselhauses, den **Schürraumflur**, befördert. Dann wird die Asche in eiserne **Handwagen** geschaufelt, an das eine Ende des Schürflurs gefahren und dort ausgekippt. Wenn auf diese Weise die gesamte Asche zu einem großen Haufen zusammengefahren worden ist, wird die immer noch glühende und nachbrennende Asche durch einen aus einer Schlauchleitung geführten Wasserstrahl abgelöscht. Der außen feuchte Aschenhaufen, der im Innern meist noch nachglüht und stark dampft, wird nunmehr mit Schaufeln einem Elevator aufgegeben, der die Asche bis zur Höhe des Kohlenbunkers hinaufbefördert und in untergestellte Aschenwagen wirft. Die gefüllten Wagen werden durch die Kettenbahn in den Tagebau gebracht, wo sie an einer besonderen Aschenkippe geleert werden.

Wie man sieht, finden die gesamten für die Aschenbeseitigung erforderlichen Arbeiten im eigentlichen Kesselhause selbst statt. Durch das mehrfache Ein- und Ausladen wird unnötig der Staub aufgewirbelt. Das Ablöschen der glühenden Asche geht unter außerordentlicher Staub- und Dampfentwicklung vor sich. Während des Betriebes des Elevators wird gleichfalls trotz der vorherigen Ablöschung viel Staub erzeugt. Und alles dies in einem niedrigen Kesselhause mit schlechter Belüftung und bei großer Hitze, da die Arbeiten vor den Feuerungen vorgenommen werden. Die aufgewirbelten großen Staubmengen setzen sich später als fast fingerdicke Schicht überall nieder und müssen wiederum unter starker Staubentwicklung zusammengefegt werden. Die Folge dieser Art der Aschenbeseitigung ist, daß das Kesselhaus niemals einigermaßen sauber gehalten werden kann. Der Aufenthalt daselbst ist während der Aschenarbeit als gesundheitsschädlich anzusehen.

Zur Unterstützung der im Abschnitt 3 gebrachten Ausführungen, daß auch die verbesserten Anlagen mit Aschenkellern noch nicht in jedem Falle im vollem Umfange den zu stellenden Anforderungen genügen, mögen nachstehende Einzelfälle dienen: Im Kesselhaus einer großen Zuckerfabrik, in dem der Aschenkeller sehr tief unter der Erdoberfläche gelegen ist, war die Staubbelästigung beim Ascheziehen unerträglich, da als einzigste Entlüftung ein ins Freie führender Luftschacht diente, der jedoch nicht genügte. Die Werksleitung hat sich deshalb genötigt gesehen, eine großangelegte künstliche Entlüftung des Kellers zu schaffen. In die Nähe der einzelnen Arbeitspunkte sind eiserne Entlüftungsrohre von genügendem Querschnitt geführt worden, die an einer Hauptleitung angeschlossen sind. Diese Hauptleitung ist unmittelbar mit dem Fuchskanal verbunden worden. Durch dichte Schieber kann sowohl diese Leitung, als auch die zu den Arbeitspunkten führenden Rohre verschlossen werden. Während der Aschenarbeit wird der Hauptschieber vor dem Fuchs geöffnet, wodurch sofort der in dem Fuchs herrschende Unterdruck sich dem gesamten Rohrsystem mitteilt. Hierauf wird der Schieber des der jeweiligen Arbeitsstelle am nächsten gelegenen Entlüftungsrohres geöffnet. Die Saugwirkung ist ausgezeichnet, so daß durch diese Einrichtung die Belästigung der Aschenarbeiter erheblich vermindert werden konnte.

In einem anderen Großbetriebe sind die Kesselhäuser mit Rücksicht auf die Zufuhr des Brennstoffes, den man hierdurch unter Ausnützung des natürlichen Gefälles ohne besondere mechanische Vorrichtungen unmittelbar auf die Feuerungen bringen wollte, unter Flur angelegt. Die Folge ist, daß der Fußboden des Aschenkellers fast 10 m tief unter der Erdoberfläche liegt. Die Fortschaffung der Verbrennungsrückstände stößt hier auf erhebliche Schwierigkeiten. Abgesehen von einer unzureichenden Belüftungsmöglichkeit muß die Asche erst hoch geführt werden, ehe sie weiter befördert werden kann. Die Einrichtung ist hier folgende: Die zu je einem Kessel gehörigen Aschentrichter liegen in einem von dem übrigen Keller durch Mauerwerk abgetrennten Raum in der Mitte des Aschenkellers. Längs dieser Aschenräume verlaufen zwei Gänge, die durch Luftschächte belüftet werden. Der Zugang zu den Aschenräumen geschieht durch eiserne Türen. In dem einen Gange verläuft unmittelbar an den Aschenräumen vorbei eine unendliche Förderkette mit Kratzern in einer Rinne, die in den Kellerboden eingelassen ist. Die beim Schlacken entfallende Asche vom Rost fällt unmittelbar in den Keller, während sie aus den Zügen von Zeit zu Zeit abgezogen wird. Die Trichterverschlüsse können von außen betätigt werden, ohne daß der Arbeiter durch Staub belästigt wird. Die Asche einer ganzen Woche läßt man sich in den einzelnen Aschenräumen ansammeln. Dann erst wird sie aus dem Keller herausbefördert. Zuvor wird die zum größten Teil erkaltete Asche reichlich mit Wasser abgespritzt, was wiederum bei geschlossenen Türen von dem einen Gang aus geschieht. Jetzt wird die Kratzkette, die durch einen Motor angetrieben wird, in Betrieb gesetzt, die einzelnen Türen geöffnet und die vollkommen kalten und feuchten Aschenhaufen in die unmittelbar vorbeiführende Aschenrinne geschaufelt, von wo sie die Kratzkette schräg nach oben in einen Aschenbunker befördert. Von diesem Aschenbunker wird sie durch eine Schnecke unmittelbar in Waggons verladen, um abgefahren zu werden. Trotz der schlechten Belüftungsmöglichkeit geht die Aschenarbeit in dem Keller verhältnismäßig rein und ohne Staub und Dämpfe vor sich, abgesehen davon, daß nur einmal in der Woche gearbeitet wird.

In dem Kesselhaus eines bedeutenden Brikettwerkes benutzt man das natürliche Gefälle des Wassers zum Abtransport der Asche aus dem Aschenkeller. Da es sich hier um Flammrohrkessel handelt, entfällt nur am Rost Asche, die durch Öffnungen in der Sohle des Aschenfallraumes unmittelbar in den Aschenkeller gelangt. Durch diesen unmittelbar an den Aschenhaufen vorbei ist eine Betonrinne geführt, die ausreichendes Gefälle besitzt. Die in den Keller gefallene Asche wird einmal täglich von dort entfernt. Zu diesem Zwecke wird das am höchsten Ende der Rinne liegende Wassereinlaufventil geöffnet und hierdurch ein schnell fließender Wasserstrom in der Betonrinne erzeugt. Die Asche wird hineingeschaufelt und unmittelbar, außerhalb des Kesselhauses durch Rohrleitungen, in den Tagebau zur Abraumspülkippe fortgeschwemmt.

In einem Kesselhaus, in dem noch der Transport durch Aschenwagen geschieht, soll in nächster Zeit die eben beschriebene Anlage eingebaut werden, jedoch derart verbessert, daß die Asche nicht mehr auf den Boden fällt, sondern in Trichter, die ihren Inhalt unmittelbar in die Wasserrinne entleeren. Auf diese Weise wäre jegliche Handarbeit ausgeschaltet und von einer Staubbelästigung könnte nicht mehr die Rede sein.

Derartige Anlagen sind natürlich nur dort möglich, wo genügendes Gefälle bis unmittelbar zur Aschenkippe vorhanden ist, wie in dem vorliegenden Falle, wo das Kesselhaus in der Nähe des Tagebaues liegt.

Bereits im Jahre 1911 rüstete ein Elektrizitätswerk ein für die heutigen Verhältnisse kleines Kesselhaus mit einer vollkommen selbsttätig arbeitenden (pneumatischen) Entaschungsanlage aus, übrigens die erste Einrichtung dieser Art in Deutschland.

Im folgenden sei im Anschluß an den Abschnitt 6b, S. 11ff. die pneumatische Entaschung in einem im Jahre 1920 errichteten Kraftwerk näher beschrieben. Die gesamte Entaschungsanlage ist nach den Plänen der Siemens-Schuckert-Werke G. m. b. H., Berlin, errichtet.

Der für die Maschineneinheiten dieses Kraftwerks erforderliche Dampf wird in zwei in der Längsachse parallel nebeneinanderliegenden Kesselhäusern erzeugt. In jedem Kesselhause liegen je zwei Reihen von sieben Steilrohrkesseln mit je 650 qm Heizfläche. Die Kessel sind in gleicher Anzahl von den Firmen Deutsche Babcock-Werke, Hanomag, Steinmüller und Röhrenfabrik vorm. Dürr & Co. geliefert. Bei vollem Betrieb müssen unter jedem Kessel rund 10 000 kg Kohle stündlich verbrannt werden, das entspricht einem täglichen Kohlenverbrauch für sämtliche Kessel von etwa 6000 t. Bei einem Aschefall von 4% entfallen also täglich über 200 t Verbrennungsrückstände, die zu beseitigen sind. Asche und Schlacke werden in trichterförmigen Bunkern aufgefangen. Zu jeder Kesseleinheit gehören zwei Schlackenbunker und sechs Aschenbunker. Je ein weiterer Bunker fängt die in den Schornsteinen ausgeschiedene Flugasche auf.

Sämtliche Bunker sind so groß bemessen, daß sie die anfallende Asche und Schlacke eines ganzen Tages aufnehmen können. An der tiefsten Stelle der Bunker sind von Hand zu bedienende Verschlüsse, sogenannte Aufnehmer angebracht, in welche die Förderrohrleitung einmündet (Abb. 20). Die beiden Schlackenbunker sind durch Blechtrichter nach unten verlängert und besitzen einen gemeinsamen Aufnehmer.

Für die Flugasche genügen einfache an den Bunkerausläufen direkt unter der Decke liegende Aufnehmer, denen die Asche während des Absaugens selbsttätig zurieselt. Für die unter den Rosten anfallende Schlacken sind besondere Einrichtungen getroffen; es sind sogenannte Schlackenaufnehmer eingebaut, die der besonderen Eigenart der im Gegensatze zur feinen Flugasche teilweise stückigen Verbrennungsrückstände angepaßt sind. Die Schlacken werden durch den Schlackenschieber über eine schräge Schurre abgelassen. Diese Schurre endigt in einen größeren Kasten, an dessen unterem Ende seitwärts die Saugleitung eingebaut ist. Diese Einrichtung ermöglicht es, daß immer nur soviel Schlacke dem Aufnehmer zugegeben wird, als die Saugleitung bewältigen kann. Außerdem gestattet sie, größere sperrige Schlacken-

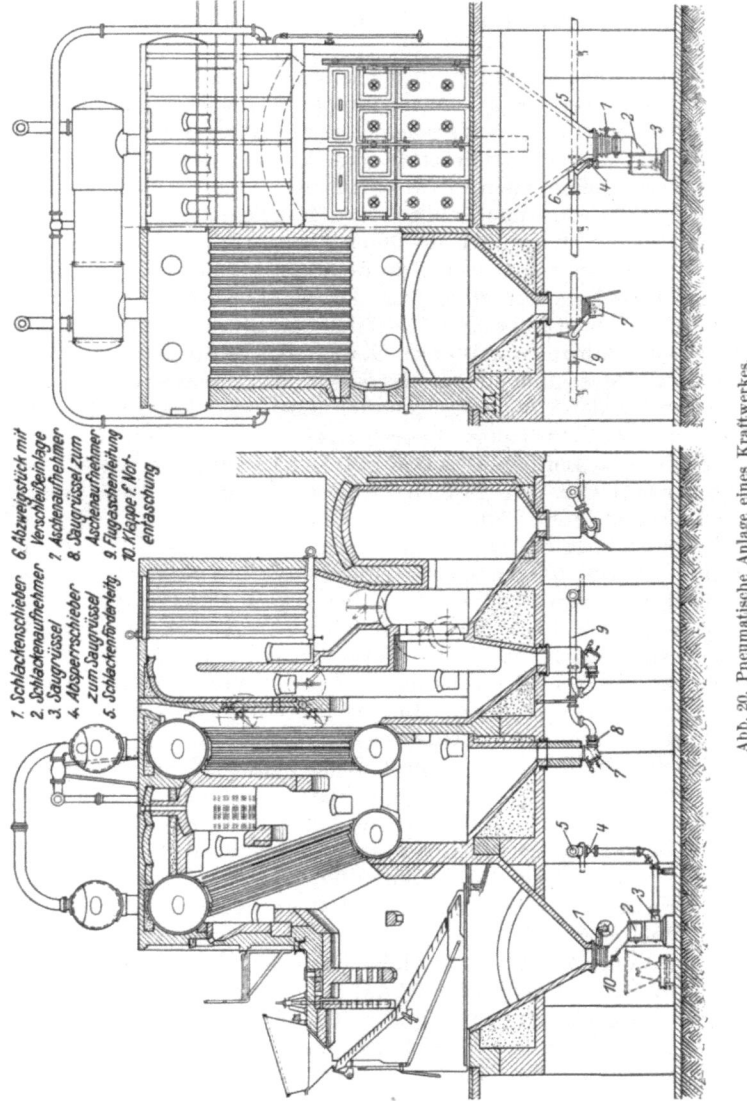

Abb. 20. Pneumatische Anlage eines Kraftwerkes.

stücke, die nicht in die Leitung gesaugt werden können, zunächst in den Schlackenkasten mit Stoßstangen zu zerkleinern, was bei der geringen Festigkeit der Braunkohlenschlacke ohne Schwierigkeit möglich ist.

Sämtliche Verschlüsse und Aufnehmer sind so konstruiert, daß bei einem Versagen der Saugförderung jederzeit Handentaschung möglich ist.

Die Rohrleitungen sind außerdem hoch unter die Decke verlegt, so daß der Aschenkeller bequem befahren werden kann.

Die von den einzelnen Aufnehmern der Flugaschenbunker kommenden Rohrstücke sind an einer gemeinsamen Leitung angeschlossen; diese Leitungen sind mit Sammelleitungen wiederum verbunden, die schließlich zum Sammelbehälter führen.

Die Rohrleitungen haben einen Durchmesser von höchstens 125 bis 130 mm l. W. Die hohe Luftgeschwindigkeit in den Förderleitungen bringt naturgemäß je nach der Beschaffenheit des Fördergutes einen mehr oder weniger starken Verschleiß der Rohrleitungen mit sich. Insbesondere haben die Schlackenleitungen infolge der großen Festigkeit und Korngröße des Gutes erheblich zu leiden. In erster Linie sind die Krümmer in hohem Maße der abschleifenden Wirkung des Gutes ausgesetzt, eine Wirkung, die der eines Sandstrahlgebläses gleichkommt. Nachteilig wirkt auch, daß die Verbrennungsrückstände meist noch glühend in die Leitungen gelangen.

Zum Schutze der Rohrkrümmer erhalten diese im Innern sogenannte Verschleißeinlagen, die auswechselbar sind. Als Material für die auswechselbaren Verschleißstücke ist ein hartes Gußeisen gewählt. Andere Materialien, wie Porzellan, hochwertiger Stahl u. dgl. haben sich nicht bewährt. Porzellan leidet zu sehr unter der glühenden Asche, Stahl ist zwar besser als Gußeisen, aber im Betriebe zu teuer. Die geraden Rohrleitungen erleiden mit der Zeit einen Verschleiß an der unteren Fläche, auf der das Material schleift. Um die Abnutzung der Rohre gleichmäßig auf den ganzen Umfang zu verteilen, werden die Rohre in bestimmten Zeiträumen um 90° gedreht. Rohre mit einer besonderen Ausfütterung von Porzellan verhindern den Verschleiß, sind aber gleichfalls zu teuer und daher nicht im Gebrauch.

Der Ausdehnung der Leitung während der Förderung der glühenden Asche ist durch den Einbau von Kompensationsstücken Rechnung getragen.

Alle weiteren Entaschungseinrichtungen, wie Sammelbehälter und Maschinen, sind in dem sogenannten Entaschungsgebäude untergebracht. Die aus dem Kesselhause kommenden Sammelleitungen münden in vier große Sammelbehälter von etwa je 20 t Inhalt. Die Behälter laufen nach unten konisch aus und sind durch einen Schieber von der Auslaufschurre abgeschlossen. 6 Luftpumpen erzeugen das erforderliche Vakuum in den Kesseln. Von größter Wichtigkeit für ein einwandfreies Arbeiten der pneumatischen Entaschung sind geeignete Pumpen. Da der feine Aschenstaub selbst bei bester Filterung niemals restlos der Luft entzogen werden kann, eignen sich Kolbenluftpumpen für eine pneumatische Entaschung nicht, da die geringsten Staubmengen in kürzester Zeit die Metalldichtungen der Kolben zerstören würden. Diesem Rechnung tragend, haben die

Siemens-Schuckert-Werke eine geeignete Pumpe eingebaut, die sogenannte Wasserringpumpe (s. Seite 13 und Abb. 6).

Eine der eben beschriebenen ähnliche pneumatische Entaschungsanlage befindet sich in dem größten Kraftwerk des Bezirks. Den für die riesigen Turbodynamos, deren größte eine Leistung von 50 000 KW besitzen, erforderlichen Dampf liefern 68 Kessel von je 750 qm Heizfläche mit Überhitzern und Ekonomisern von je 420 qm Heizfläche. Der tägliche Kohlenverbrauch beträgt über 13 000 t Rohkohle, die aus dem benachbarten Braunkohlentagebau herbeigeschafft wird. Über 500 t Verbrennungsrückstände sind täglich zu beseitigen, eine Menge, deren Abbeförderung von Hand wohl kaum durchzuführen ist. Die Entaschung geschieht je zur Hälfte, also in je 3 Kesselhäusern, auf pneumatischem und auf hydraulischem Wege. Die pneumatische Entaschungsanlage ist der eben beschriebenen gleich; sie ist gleichfalls von den Siemens-Schuckert-Werken errichtet. Der größeren Menge zu beseitigender Rückstände entsprechend ist die Anlage leistungsfähiger gebaut.

Der Abtransport der in den Sammelbehältern ausgeschiedenen Rückstände geht hier jedoch auf andere Weise vor sich. Die Rückstände werden unmittelbar von den Behältern mittels hydraulischer Entaschung als Aschenschlamm zur Spülkippe des Tagebaues gedrückt.

In Ergänzung der Ausführungen im Abschnitt 4 sei noch einiges über die Beseitigung der Flugasche am Schornstein mitgeteilt. Wie bereits früher gesagt, werden stets mehr oder weniger große Mengen Flugasche zum Schornstein geleitet. Wird hier nicht für ihre Ausscheidung Sorge getragen, so gerät sie zum Teil mit den Rauchgasen ins Freie, die Nachbarschaft unter Umständen erheblich belästigend. Um welche gewaltigen Mengen Flugasche es sich hier handelt, die in Gegenden stärkster Industriekonzentration täglich auf die umliegenden Landstriche herabregnen, haben zur Zeit angestellte Erhebungen ergeben. Aus den Schornsteinen der unmittelbar nebeneinanderliegenden Werke zwischen den Orten Knapsack und Berrenrath mit einem täglichen Kesselkohlenverbrauch von über 22 000 t entweichen täglich etwa 100 t Flugasche ins Freie. Schon nach wenigen Minuten ist deutlich der Niederschlag zu beobachten. Durch geeignete Maßnahmen ist daher dafür Sorge zu tragen, daß möglichst die Hauptmengen der bis zum Schornstein gelangten Asche dem Rauchgasstrom entzogen wird.

Die verschiedensten Wege sind hierbei beschritten worden. Die einfachste aber zugleich unzureichendste Art ist die der periodischen Beseitigung der in dem Trichter des Schornsteinfußes niedergeschlagenen Flugasche. Gewöhnlich wird ein oder zweimal täglich die Flugasche nach dem Öffnen des den Abschluß des Trichters bildenden Schiebers in Aschenwagen abgezogen. Natürlich reicht dies nicht aus. Nach einer gewissen Zeit hat sich bereits soviel Asche wieder angesammelt, daß eine weitere Ausscheidung unmöglich und nunmehr die ganze Asche zum Schornstein hinausbefördert wird.

Am besten sind daher kontinuierlich wirkende Einrichtungen.

In einem Werke ist dies auf eine sehr einfache und doch wirkungsvolle Art und Weise erreicht. Wie aus der Skizze (Abb. 21) ersichtlich, wird der untere Abschluß des im Schornsteinfuß eingebauten Aschenbunkers durch einen schmiedeeisernen Kasten gebildet. In diesen sind zwei, möglichst dicht abschließende Klappen angeordnet, die durch ein Gegengewicht hochgedrückt sind. Die sich allmählich in dem Kasten auf der oberen Klappe ansammelnde Asche bewirkt schließlich durch ihr Eigengewicht ein Sinken derselben. Ein Teil der Asche fällt auf die untere Klappe, die die Asche in einen untergestellten Wagen fallen läßt, sobald das Gegengewicht dieser Klappe die Asche nicht mehr halten kann. Somit wird sie dauernd aus dem Schornsteininnern herausgeschleust. Voraussetzung dabei ist, daß die Klappen dicht abschließen, da sonst die etwa angesaugte Luft die Asche immer wieder in den Schornstein zurückreißen würde.

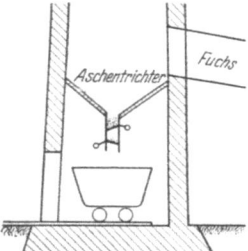 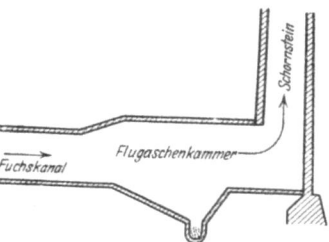

Abb. 21. Flugaschenfang mit Klappenabschluß.   Abb. 22. Flugaschenfang mit Wasserabschluß.

Besser als diese Klappen sind natürlich die mechanischen Abschneider nach System Schwabach, die einen sicheren Abschluß gegen die Außenluft gewährleisten und die Asche in abgelöschtem Zustande abziehen, so daß Staub- und Gasentwicklung vermieden wird.

In den Betrieben, in denen eine pneumatische und hydraulische Entaschungsanlage vorhanden ist, sind die Schornsteine teilweise an diese angeschlossen. Da die Entaschung jedoch nicht kontinuierlich vor sich geht, sondern meist nur einmal in jeder Schicht vorgenommen wird, wird wohl nicht verhindert werden können, daß nach einer gewissen Zeit Flugasche aus den Schornsteinen entweicht.

Vielfach sind die Fuchskanäle unmittelbar vor dem Schornstein durch die Erweiterung ihres Querschnittes als Flugaschenkammern ausgebildet. Durch die Geschwindigkeitsverringerung der Rauchgase haben die Aschenteilchen Gelegenheit sich abzusetzen. Der Boden dieser Flugaschenkammern ist entweder trichterförmig oder sonst geneigt ausgebildet, derart, daß die niederschlagenden Staubteilchen zu einem tiefsten Punkt gelangen, von wo sie abgezogen werden können. Wirksam sind diese Kammern natürlich nur dann, wenn die Asche kontinuierlich entfernt wird.

Folgende in Abb. 22 dargestellte Einrichtung, die sich gut bewährt, ist in einigen Brikettfabriken angebracht. Die tiefste Stelle der Kammer ist als Rinne ausgebildet, die Gefälle besitzt und durch die ständig Wasser fließt. Durch einen Rohrkrümmer ist die Verbindung mit dem außerhalb des Fuchses liegenden Gefluters hergestellt. Das in dem als Siphon wirkenden Krümmer befindliche Wasser schließt das Fuchsinnere von der Außenluft ab.

Bei einer trichterartigen Ausführung des Baues der Flugaschenfänger ist die Anordnung, wie sie Abb. 23 darstellt. Auch hier wird der dichte Abschluß durch einen Rohrkrümmer bewirkt, in welchem am unteren Scheitel Leitungswasser eingeführt wird. Der Wasserbedarf schwankt je nach der Belastung des Schornsteins zwischen 60 und 90 l in der Minute. Auf diese Art werden etwa 60 kg Asche in der Stunde oder 1,5 t täglich den Rauchgasen entzogen, die von den Feuerungen von 7 Zweiflammrohr-Kesseln zu je 100 qm Heizfläche stammen, ein gewiß zufriedenstellendes Ergebnis.

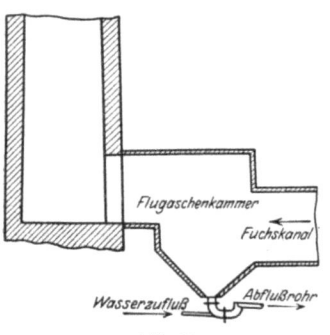

Abb. 23.
Flugaschenfang mit Wasserabschluß.

Das Aschenwasser wird mit den übrigen Abwässern der Fabrik in den Klärteich des Tagebaues geleitet und immer wieder verwandt.

Um eine Abschneidung der Flugasche zu begünstigen und wirksamer zu gestalten, haben verschiedene Firmen Flugaschenfänger eingebaut, die darauf beruhen, daß dem Gasstrom irgendwelche Widerstände entgegengesetzt werden. Alle diese Einrichtungen erfüllen ihren Zweck natürlich nur dann, wenn für dauernde Beseitigung der Asche aus dem Fuchskanal bzw. aus den besonderen Flugaschekammern gesorgt wird. In bestehende Anlagen lassen sie sich nicht immer einbauen, weil hierdurch vielfach eine Querschnittsverringerung eintritt, wodurch die Zugverhältnisse ungünstig beeinflußt werden.

8. Mitteldeutsches Braunkohlengebiet.

Abgesehen von einem Kraftwerk war bei Kriegsende in keiner größeren Kesselanlage mit Rohbraunkohlenbetrieb noch Handentaschung anzutreffen; durchweg waren pneumatische Anlagen verwendet, teils von Hartmann in Offenbach und teils von den Siemens-Schuckertwerken.

Eine bemerkenswerte Anlage wurde in einer Filmfabrik angetroffen, die den hohen Anforderungen der Filmfabrikation hinsichtlich der Vermeidung von Staubentwicklung innerhalb des Betriebes entspricht. Die Anlage ist nach jahrelangen Versuchen mit allen möglichen Entaschungsverfahren, die alle nicht voll befriedigten, von dem technischen Betrieb der Filmfabrik bei dem Neubau eines Kesselhauses selbst entworfen und gebaut worden. Die im Jahre 1926 erbaute Kesselanlage besteht aus vier mit Muldenrostfeuerung von Fraenkel & Viehbahn, Leipzig versehenen Steilrohrkesseln von je 500 qm Heizfläche. Für jede Kesselhälfte sind fünf Sammeltrichter vorgesehen, in welche die Verbrennungsrückstände abfallen, und zwar befindet sich davon einer unter dem Rost, einer gleich hinter der Feuerbrücke unterhalb des vorderen Rohrbündels, einer unter dem hinteren Rohrbündel und zwei unter dem Rauchgasvorwärmer.

Unter den fünf erwähnten Aschesammeltrichtern jeder Kesselhälfte befindet sich in einem Abstande von etwa 1,5 m eine etwa 1 m tiefe Betonrinne, welche mit Wasser gefüllt ist. Am vorderen Ende, d. h. da, wo sich der unter dem Rost angebrachte Sammeltrichter befindet, ist die Rinne zu einer Grube vertieft, die Platz für einen kleinen Elevator bietet. In diese Rinne tauchen eiserne Fallschächte, die mit den Enden der gemauerten Sammeltrichter durch gußeiserne Zargen verbunden sind. Hierdurch wird erzielt, daß keine falsche Luft in den Kessel eindringen kann und daß die anfallenden Rückstände ohne jede Staubentwicklung vollständig abgelöscht werden. Die Entfernung der abgelöschten Rückstände aus der Rinne geschieht nun auf folgende Weise: Der vordere Fallschacht, d. h. der Schacht unter dem Rost, mündet direkt in die bereits erwähnte Elevatorgrube. Aus der Elevatorgrube werden die Rückstände durch ein von einem Elektromotor angetriebenes Becherwerk über eine Schurre in die zum Abtransport bestimmten Eisenbahnwagen entleert. Die aus den vier hinteren Fallschächten anfallende Flugasche wird durch eine in der Rinne gelagerte offene Schnecke, welche von demselben Motor angetrieben wird, dem Elevator zugeführt und gelangt so ebenfalls in die Wagen, soweit sie nicht infolge der durch die Schnecke verursachten Wasserbewegung in Schwebe bleibt. Hierdurch würde natürlich ziemlich schnell eine Verschlammung des Löschwassers eintreten, wenn nicht für den laufenden Abtransport dieser Aschenlauge gesorgt würde. Das geschieht nun auf folgende Art. Die Schneckenwelle läuft in vier Pockholzlagern, welche mit Druckwasser geschmiert werden. Das Druckwasser verhindert das Eindringen von sandiger Flugasche in die Lager und hält damit den Verschleiß der Lager in erträglichen Grenzen. Auch die beiden unteren Wellenlager des Elevators werden aus demselben Grunde mit Druckwasser geschmiert. Diese Druckwassermenge übersteigt nun die in den Betonrinnen auftretenden Wasserverluste (Verdunstung, nasse Asche). Der Überschuß läuft daher dauernd durch einen an der Vorderseite der Elevatorgrube angebrachten Überlauf ab und nimmt die in Schwebe gehaltenen Aschenteile mit sich. Die Aschenlauge mit den aus dem Eisenbahnwagen ablaufenden Wasser fließt einer Sammelgrube zu und wird aus dieser, da sie stark alkalisch ist, mittels einer Pumpe oder eines Ejektors nutzbringend der Entsäuerungsanlage für das Abwasser des Werkes zugeführt. Der Wasserverbrauch der Anlage beträgt auf 1000 kg geförderte Asche etwa 0,5 cbm.

Die Anlage hat sich bisher bestens bewährt. Der natürliche Verschleiß hält sich in normalen Grenzen. Vgl. Abschnitt 6a, S. 8.

Die Kraftzentrale einer Papierfabrik ist mit zwölf Steilrohrkesseln (Bauart Garbe) von je 400 qm Heizfläche ausgerüstet. Die Kessel haben Muldenrostfeuerung von Fraenkel & Viehbahn, Leipzig. Der Aschenanfall von durchschnittlich 450 t Rohbraunkohle in 24 Stunden beträgt etwa 26 t, davon 13 t Schlacke und 13 t Flugasche. Die Entaschung, deren Grundzüge in der Zeichnung Nr. 1 dargestellt sind, ist für die Schlacke im Jahre 1922 von Gebr. Kerner in Suhl geliefert worden. Die Flugaschenspülung hat die Betriebsleitung selbst gebaut. Die Schlacke von den Feuerungen fällt durch Schlote unter Luftabschluß in eine Wasserrinne aus Beton, in welcher ein Kratzband läuft, das die abgelöschte Schlacke vom Keller auf die Höhe des Werkhofes fördert und dort die Schlacke in Wagen oder in eine offene Spülrinne fallen läßt. Die Förderzeiten betragen in 24 Stunden viermal 45 Minuten. Der Kraftbedarf beträgt 10 PS. Die Flugasche sammelt sich in Bunkern unter den Kesseln, Economisern und Füchsen. Als Bunkerverschlüsse dienen Drehschieber, welche sicher den Eintritt von Fehlluft vermeiden. Die Bunkerverschlüsse sind durch Fallschlote mit einer Spülleitung aus Tonrohren von 250 mm lichte Weite verbunden. Beim Entaschen fließt Wasser durch die Spülleitung, in der beim Öffnen der Bunkerverschlüsse die unter Luftabschluß glühend einfallende Asche sofort abgelöscht und aufgesogen und zu einer einfachen Kreiselpumpe fortgeschwemmt wird. Das Aschenwassergemisch wird von der Pumpe durch eine Steigleitung in die oben angeführte offene Spülleitung gedrückt, in der es mit schwachem Gefälle zur Auffüllung einer Grube benutzt wird. Der Kraftbedarf der Pumpe beträgt etwa 10 PS. In 24 Stunden wird viermal 1 Stunde entascht. Die gesamte Entaschung erledigt je ein Mann in der Tag- und Nachtschicht, der nebenbei Reinigungsarbeiten auszuführen hat. Die Entaschung ist staubfrei und betriebssicher. Der Fußboden des Kellers ist allerdings durch verspritztes Schlammwasser sehr verunreinigt und zum Teil recht schlüpfrig. Wie bei allen mechanischen Entaschungen ist auch hier die Möglichkeit einer Handentaschung in Schubwagen vorgesehen. Vgl. Abschnitt 6a, S. 7.

9. Schlußbemerkungen.

Die Abhandlungen lassen erkennen, daß die Unternehmer bei den großen Kesselanlagen vor die Entscheidung gestellt, entweder unter Verwendung von einfachen Transportmitteln und hygienisch durchaus nicht einwandfreien Verhältnissen die anfallenden, großen Mengen an Asche mit einem Heere von Arbeitern wegzuschaffen oder Anlagen mechanischer Art einzubauen, bereits in weitgehendem Umfange den letzteren Weg eingeschlagen haben und Entaschungseinrichtungen vorliegen, die nach Überwindung mancher Schwierigkeiten den Anforderungen in betriebstechnischer, wirtschaftlicher und hygienischer Beziehung vollauf gerecht werden.

Wie bereits erwähnt, haben die anfallenden, großen Mengen an Asche und Schlacke den beteiligten Kreisen den Anstoß dazu gegeben, der Frage der Einführung der mechanischen Entaschung bei Großkesselanlagen näher zu treten, so daß diesem Umstande die bisherigen, erfreulichen Fortschritte auf diesem Gebiete in erster Linie zu danken sind. Es wäre jedoch verfehlt, ein weiteres auf dem Gebiete der Hygiene liegendes Moment unerwähnt zu lassen, das zweifellos bei der Ausgestaltung der Aschebeseitigungseinrichtungen auch mitbestimmend gewesen sein dürfte. Die mit dem Abtransport der Asche beauftragten Arbeiter sind, soweit ihnen für diese Verrichtung nur Schaufeln und einfache Transportmittel wie Loren, Schubkarren zur Verfügung stehen, den Einwirkungen des sich entwickelnden Staubes ausgesetzt, der auch dann nicht ganz zu vermeiden ist, wenn zuvor in Verbindung mit dem Ablöschen der glühenden bzw. heißen Asche ein Anfeuchten des wegzuschaffenden Materials erfolgt, abgesehen davon, daß auch dieser Vorgang eine stärkere Entwicklung von Gasen und Dämpfen mit sich bringt und damit eine weitere Gesundheitsschädigung der Beteiligten zur Folge haben kann, zumal wenn hierbei nur enge, niedrige und wenig gut entlüftete Ascheräume in Frage kommen.

Es kann festgestellt werden, daß die Abhandlungen auch in dieser Beziehung über erfreuliche Fortschritte berichten. Die staubigen und gleichzeitig fast unerträgliche Temperaturen aufweisenden Ascheräume mit der zum Teil noch glühenden und nachvergasenden Asche sind wenigstens bei Großanlagen bereits weitgehend verschwunden. Die wenigen, noch erforderlichen Arbeiter arbeiten unter Verhältnissen, die in hygienischer Beziehung kaum noch zu wünschen übrig lassen. Zu begrüßen ist auch die Feststellung, daß auch kleinere Anlagen, z. B. eine solche mit zwei Kesseln von je 300 qm Heizfläche mit einer mechanischen Entaschung ausgerüstet worden sind, die zufriedenstellend arbeiten und hinsichtlich der Anlage- und Betriebskosten das erträgliche Maß nicht überschreiten.

Die einzelnen Abhandlungen dürften dem Leser genügend Aufschluß darüber geben, daß es nur im wirtschaftlichen und betrieblichen Interesse der Unternehmer liegt, nicht allein bei Großkesselanlagen, sondern auch bei solchen mittleren Umfanges der Frage der mechanischen Beseitigung der Asche die größte Aufmerksamkeit zu schenken. Neben teilweise mechanischen Einrichtungen der in Rede stehenden Art haben vollautomatisch wirkende, pneumatische und hydraulische verschiedener Systeme weitgehend Eingang gefunden; die bisherige Entwicklung dürfte jedoch noch nicht soweit fortgeschritten sein, um ein endgültiges Urteil darüber abzugeben, ob ein bestimmtes System den Vorzug verdient oder ob nach Maßgabe der gegebenen betrieblichen und sonstigen Verhältnisse zweckmäßigerweise die eine oder andere Art der Ausführung oder ein kombiniertes System gewählt werden muß.

Eine ausführliche Darlegung der Gründe, die mit Rücksicht auf die beteiligten Arbeiter in hygienischer Beziehung eine Mechanisierung der Entaschung erforderlichenfalls unter Einsetzen erhöhter Betriebskosten notwendig erscheinen lassen, kann unterbleiben, es sei hier nur auf die Abhandlung verwiesen: „Der Staub in der Industrie, seine Bedeutung für die Gesundheit der Arbeiter und die neueren Fortschritte auf dem Gebiete seiner Verhütung und Bekämpfung". Beihefte zum Zentralblatt für Gewerbehygiene und Unfallverhütung Bd. I, Heft 2. Verlag: Chemie G. m. b. H. Leipzig-Berlin.

Verlag von Julius Springer in Berlin W 9

Schriften aus dem Gesamtgebiet der Gewerbehygiene
Neue Folge

Herausgegeben von der Deutschen Gesellschaft für Gewerbehygiene in Frankfurt a. M., Platz der Republik 49

Heft 1: **Ärztliche Merkblätter über berufliche Vergiftungen und Schädigungen durch chemische Stoffe.** Aufgestellt und veröffentlicht von den Fabrikärzten der deutschen chemischen Industrie. Zweite, neubearbeitete Auflage. 1925. z. Z. vergriffen.

Heft 2: **Die Bedeutung der Chromate für die Gesundheit der Arbeiter.** Kritische und experimentelle Untersuchungen von Professor Dr. **K. B. Lehmann**, Direktor des Hygienischen Instituts der Universität Würzburg. Mit 11 Textabbildungen. III, 119 Seiten. 1914. RM 4.20

Heft 3: **Die Arbeiterkost nach Untersuchungen über die Ernährung Basler Arbeiter bei freigewählter Kost.** Von Dr. **Alfred Gigon**, Privatdozent für Innere Medizin an der Universität Basel. III, 54 Seiten. 1914. RM 1.80

Heft 4: **Die Bekämpfung der Milzbrandgefahr in gewerblichen Betrieben.** Von Dr. **O. Borgmann**, Regierungs- und Gewerberat, Schleswig, und Dr. **R. Fischer**, Regierungs- und Gewerberat, Potsdam. III, 47 Seiten. 1914. RM 1.80

Heft 5: **Die Frühdiagnose der Bleivergiftung.** Drei Referate von Dr. **L. Teleky**, Wien, Dr. **H. Gerbis**, Thorn, Professor Dr. **P. Schmidt**, Halle a. d. S. VI, 65 Seiten. 1919. RM 2.30

Heft 6: **Die Meldepflicht der Berufskrankheiten.** Eine Umfrage bearbeitet von Dr. **E. Francke**, Frankfurt a. M., und Sanitätsrat Dr. **Bachfeld**, Offenbach. 52 Seiten. 1921. RM 1.60

Heft 7, I. Teil: **Bleivergiftung und Bleiaufnahme.** Ihre Symptomatologie, Pathologie und Verhütung mit besonderer Berücksichtigung ihrer gewerblichen Entstehung und Darstellung der wichtigsten gefahrbringenden Verrichtungen. Von **Thomas M. Legge** und **Kenneth W. Goadby**. Übersetzt von Dr. **Hans Katz †**. Herausgeben und mit Anmerkungen versehen von Dr. **Ludwig Teleky**. Mit 6 Textabbildungen und 2 Tafeln. Nebst einem Anhang: Die deutschen und deutschösterreichischen Verordnungen zur Verhütung gewerblicher Bleivergiftung. Zusammengestellt im Institut für Gewerbehygiene von Else Blänsdorf. VIII, 372 Seiten. 1921. RM 13.—

Heft 7, II. Teil: **Bleiliteratur.** Veröffentlichungen über Bleivergiftung, Spezialarbeiten und Merkblätter, Textangabe der Bleiverordnungen für das Deutsche Reich, Deutschösterreich und außerdeutsche Staaten. Zusammengestellt im Institut für Gewerbehygiene von **Else Blänsdorf**, Bibliothekarin. IV, 108 Seiten. 1922. RM 3.60

Heft 8: **Internationale Übersicht über Gewerbekrankheiten** nach den Berichten der Gewerbeinspektionen der Kulturländer über das Jahr 1913. Mit Unterstützung von Dr. **Ludwig Teleky** bearbeitet von Professor Dr. **Ernst Brezina** in Wien, Technische Hochschule. VIII, 143 Seiten. 1921. RM 4.80

Heft 9: **Internationale Übersicht über Gewerbekrankheiten** nach den Berichten der Gewerbeinspektionen der Kulturländer über die Jahre 1914—1918. Mit Unterstützung von Dr. **Ludwig Teleky** bearbeitet von Professor Dr. **Ernst Brezina** in Wien, Technische Hochschule. XII, 270 Seiten. 1921. RM 10.—

Heft 10: **Internationale Übersicht über Gewerbekrankheiten** nach den Berichten der Gewerbeinspektionen der Kulturländer über das Jahr 1919. Mit Unterstützung von Dr. **Ludwig Teleky** bearbeitet von Professor Dr. **Ernst Brezina** in Wien, Technische Hochschule. VII, 118 Seiten. 1922. RM 4.20

MIX
Papier aus verantwortungsvollen Quellen
Paper from responsible sources
FSC® C105338

If you have any concerns about our products,
you can contact us on
ProductSafety@springernature.com

In case Publisher is established outside the EU,
the EU authorized representative is:
**Springer Nature Customer Service Center GmbH
Europaplatz 3, 69115 Heidelberg, Germany**

Printed by Libri Plureos GmbH
in Hamburg, Germany